CONTRIBUCIONES AL CONOCIMIENTO DE LA FLORA CANTÁBRICA, X

Contribuciones al conocimiento de la flora cantábrica, X

Luis CARLÓN RUIZ,[1] Gonzalo MORENO MORAL[2]
& José Manuel RODRÍGUEZ BERDASCO[3]

1 Biosfera Consultoría Medioambiental, S. L. C/ Candamo 5, bajo. E-33012 Oviedo (Asturias, España) / Jardín Botánico Atlántico. Avda. del Jardín Botánico 2230 Gijón/Xixón (Asturias). e-mail: luiscarlon@biosfera.es / lcarlon77@gmail.com

2 C/ Santa Clara 9, 1.º D E-39001 Santander (Cantabria). e-mail: gmorenomor55@gmail.com

3 Tremado del Coto, E-33814 Cangas del Narcea (Asturias). e-mail: jmberdasko@hotmail.com

EDICIÓN A CARGO DE:
Luis Carlón Ruiz, Gonzalo Moreno Moral
& José Manuel Rodríguez Berdasco

EDITA:
Luna de Abajo
https://www.lunadeabajo.com/

© DE LOS TEXTOS:
Luis Carlón Ruiz, Gonzalo Moreno Moral
& José Manuel Rodríguez Berdasco

COMPAGINACIÓN:
Pandiella y Ocio

1.ª EDICIÓN: abril de 2024

DEP. LEGAL: AS 00983-2024
ISBN: 978-84-86375-75-1

Incomparabili reverendo
Patri Emmanueli Laínz Gallo, S. J.,
occasione centenarii sui,
cum admiratione atque gratitudine

Resumen

Informaciones misceláneas acerca de 354 táxones. De ellos, 4 especies autóctonas (*Geranium pusillum, Rubus serpens, Veronica micrantha* y *Vicia lathyroides* —especie esta última que nos da pie para una pequeña aportación a la protohistoria de la botánica asturiana—) y 1 alóctona (*Epilobium brachycarpum*) son nuevas para la flora de Asturias; 1 (*Corrigiola litoralis*, autóctona) para la cántabra; 15, autóctonas todas ellas (*Anthemis pedunculata, Argyrolobium zanonii, Centaurea amblensis, Crypsis alopecuroides, Cuscuta nivea, Cyperus michelianus, Digitalis thapsi, Drosera anglica, D. intermedia, Gagea lacaitae, Orobanche foetida, Psilurus incurvus, Rubus serpens, Salvia pratensis* y *Sanguisorba lateriflora*), a las que ha de sumarse una subespecie asimismo autóctona (*Astragalus monspessulanus* subsp. *gypsophilus*), suponen novedad para la flora de León; y 1 autóctona (*Lycopodiella inundata*) se incorpora al catálogo de la flora de Palencia. El resto de nuestras aportaciones son, en su mayoría, apuntes de interés corológico y ecológico más modesto, dirigidos a perfilar —ya sea mediante adiciones o a través de expurgaciones críticas, acuciada la necesidad de estas últimas en tiempos recientes por un preocupante deterioro en la calidad de las bases de datos públicas y en el uso que de ellas se hace, asuntos sobre los cuales nos extendemos con algún detenimiento— la distribución regional de plantas que, con mayor o menor fundamento, se tienen por raras y que, por consiguiente, gozan a menudo de protección legal. De alcance algo mayor, diagnóstico y taxonómico, son nuestros comentarios acerca de *Isoetes asturicensis* y de los pares *Rorippa islandica-R. palustris* y *Leontodon bourgaeanus-L. hispidus* —especies estas dos últimas cuya independencia sustentamos con pruebas moleculares—, así como nuestra sugerencia de asimilar *Rubus cyclops* a *R. lucensis* y *R. galloecicus* a la especie presuntamente extraibérica a la que se le viene asignando el binomen *R. echinatus*, prioritario.

Abstract

Contributions to the knowledge of the Cantabrian flora, X. *Various remarks about 354 taxa. 4 native* (Geranium pusillum, Rubus serpens, Veronica micrantha *and* Vicia lathyroides, *the discovery of the latter having elicited a small contribution to the early history of Asturian botany) and 1 alien species* (Epilobium brachycarpum) *represent additions to the flora of Asturias; 1* (Corrigiola litoralis, *native)* *is new to the flora of Cantabria; 15, all of them native* (Anthemis pedunculata, Argyrolobium zanonii, Centaurea amblensis, Crypsis alopecuroides, Cuscuta nivea, Cyperus michelianus, Digitalis thapsi, Drosera anglica, D. intermedia, Gagea lacaitae, Orobanche foetida, Psilurus incurvus, Rubus serpens, Salvia pratensis *and* Sanguisorba lateriflora*), to which 1 also native subspecies* (Astragalus monspessulanus *subsp.* gypsophilus*) must be added, are recorded for the first time in León; and 1 native species* (Lycopodiella inundata) *is to be added to the catalogue of the flora of Palencia. Most of our other contributions are less consequential chorological or ecological notes, aimed at finely delineating —by means of positive additions or of critical refinements, the latter increasingly necessary in recent times by the worrisome trends we observe in the quality of public databases and the way they are used, issues pretty thoroughly discussed in the present paper— the regional distributional areas of plants more or less justly considered to be rare and, as a consequence, often legally protected. Of putatively greater value outside such narrow regional context are our diagnostic and taxonomic comments on* Isoetes asturicensis *and on the pairs* Rorippa islandica-R. palustris *and* Leontodon bourgaeanus-L. hispidus —species whose full mutual independence is shown to be molecularly supported—, as well as our suggestion to synonymise* Rubus cyclops *to* R. lucensis *and* R. galloecicus *to the supposedly non-Iberian species to which the prioritary name* R. echinatus *has been generally applied.*

Damos por fin salida a algunos de los más relevantes descubrimientos cosechados a lo largo de los casi diez años transcurridos desde la última entrega de nuestra serie florística latecantábrica, cuyo ámbito geográfico sigue pudiendo acotarse, de manera no poco precisa, recurriendo al Duero como límite sur y a su fuente como límite oriental. Más que a rendimientos decrecientes —aun cuando también los irá ya habiendo—, esta larga pausa se debe al modo en que diversas circunstancias profesionales y familiares han venido afectando, para empezar, a nuestro trabajo de campo, base de todo lo demás. Contribuyó asimismo a retrasar esta nueva entrega el hecho de que numerosas aportaciones que podrían haberla nutrido fueron adelantadas como parte de los esfuerzos colectivos de puesta al día del catálogo florístico asturiano encabezados por el inolvidable profesor José Antonio Fernández Prieto —cf. Fernández Prieto & al. (2020a).

Como en los dos números anteriores de la serie, el peso de nuestros avances ha basculado hacia el oeste, hacia Asturias y, sobre todo, hacia las riquezas inexhauribles de la provincia leonesa, casi siempre como consecuencia de las últimamente algo menguadas —por los condicionantes arriba señalados— pero aún no poco ambiciosas herborizaciones de uno de nosotros (J.M.R.B.); quien, según evidencia su abrumador protagonismo como colector en las listas corológicas que siguen, podría firmar en solitario un trabajo casi tan extenso, y cuya generosidad nos cumple por consiguiente agradecer a los otros dos firmantes.

Mantenemos el orden sistemático tradicional en esta serie —cf. Aedo & al. (2000: 8)—, y nuestra referenciación numérica de las localidades sigue siendo, como se expuso en Carlón & al. (2014: 8-9), ecléctica en términos de formato y de precisión, pero siempre con arreglo al datum oficial ETRS89. En país tan poco aficionado a la botánica —lo cual impide, para empezar, y para desespero de nuestros pobres egos, una lectura masiva de este artículo, a la que podrían seguir no menos masivas visitas a nuestras localidades, seguramente bienintencionadas pero, al final, nocivas—, entendemos que el riesgo de dar indicaciones geográficas tan precisas es modesto, y compensado con creces por cómo de este modo se les facilita a los investigadores del futuro, si los hubiere —cosa en absoluto garantizada, por razones que van desde el ya evidente y creciente descrédito de estos estudios en el mercado de los méritos académicos hasta el más incierto riesgo de que las posibilidades de ocio, formación y viajes de las cuales dependerían esas investigaciones por venir se vean recortadas por una regresión social generalizada—, la tarea de levantar acta firme de los cambios que, esta vez con toda certeza, habrán de producirse en la distribución de las plantas a lo largo de las próximas décadas.

Como pequeña novedad, señalamos con un asterisco las especies beneficiadas por algún tipo de protección legal. Cuando ciertas medidas legales tan solo afectan a alguna de las circunscripciones administrativas de las que citamos una especie —circunstancia si se quiere arbitraria, pero justificativa del peso que les concedemos a las demarcaciones políticas a la hora de aquilatar qué es y qué no es digno de ser publicado—, el asterisco precede al nombre de dicha provincia o provincias en la lista corológica y no al de la especie, que encabeza la sección. Para concretar en cada caso el alcance de la protección, es útil atender a lo recopilado en el módulo *Phyteia* —cf. Medina & Fernández Albert (2013)— del programa *Anthos* (www.anthos.es), el cual sigue siendo —con SIVIM (www.sivim.info) y con GBIF (https://datos.gbif.es/), donde acaban por recogerse los datos de las otras dos— nuestra principal fuente de datos corológicos básicos. A efectos meramente sinópticos, en la medida en que sus bases documentales aún no son directamente accesibles, también hemos incorporado a nuestras pesquisas los mapas del AFLIBER (Atlas of the vascular flora of the Iberian Peninsula, https://afliber.shinyapps. io/afliber) —cf. Ramos Gutiérrez & al. (2021).

En la mayor parte de los casos se prepararon —en cantidad más o menos proporcionada a la rareza de cada planta— muestras prensadas, depositadas luego en los herbarios que se señalan debidamente, entre los cuales destaca sobremanera el fundado por nuestro homenajeado. En otros casos, por motivos logísticos o conservacionistas, se ha optado por documentar el hallazgo tan solo mediante fotografías, según se indica en las listas corológicas mediante la fórmula «(phot.)» al final del registro correspondiente —los registros que no terminan ni con dicha fórmula ni con la referencia a un herbario deben entenderse como meras observaciones; con la partícula «ibid.», por su parte, comienzan aquellos cuyo término municipal coincide con el del registro precedente—. La publicación de fotografías representa, de hecho, la segunda de las novedades, digamos, metodológico-formales que esta décima entrega introduce en la serie. Se ha decidido ilustrar algunas especies cuya entidad ha sido disputada o ignorada y de las cuales nos hemos visto en dificultades para encontrar, en la bibliografía y en Internet, fotografías fiables, bien porque faltan en absoluto o porque menudean imágenes mal determinadas. Nuestro afán por subsanar tales deficiencias y por ofrecer imágenes útiles de esas especies críticas entendemos que compensa su acaso no excesiva calidad. Incluso con esa rebaja del listón, se han quedado fuera por motivos de calidad técnica no pocas fotos de interés ilustrativo cierto, las cuales estaremos encantados en compartir con quien nos las pida para usarlas como documentos de trabajo, fin para el que sí son del todo válidas.

Otra novedad fotográfica que se incorpora hoy a nuestra serie, merced a la generosa mediación de Eduardo Fernández Pascual (profesor de la Universidad de Oviedo y miembro del equipo científico del Jardín Botánico Atlántico) y a la tan amable como profesional atención de Adolfo Vallina Rodríguez (técnico de microscopía electrónica de dicha Universidad), son las imágenes con las que ilustramos, por su interés diagnóstico, los detalles de ciertos frutos o semillas, y que fueron obtenidas con el microscopio electrónico de barrido JEOL-6610LV del centro científico-tecnológico Severo Ochoa del campus del Cristo, en Oviedo. Debe tenerse en cuenta que se trata de estudios carpológicos informales, consistentes en esencia en la observación y fotografía del primer fruto o semilla bien orientada que se nos presentó en la placa microscópica correspondiente a cada muestra. Es decir, no hay evaluación de la variabilidad, pero tampoco un sesgo confirmatorio consistente en la búsqueda deliberada de ejemplos ilustrativos de diferencias establecidas *a priori*: hágalas esto convincentes o no tanto, las pruebas que nuestras imágenes microscópicas representan se produjeron, literalmente, a la primera.

Las tareas de extracción, amplificación y determinación de las secuencias de ADN —he aquí una cuarta y más enjundiosa ampliación del enfoque de nuestra serie florística— fueron llevadas a cabo, con la diligencia y profesionalidad de siempre, por Pablo Alvarado (www.alvalab.es). De los análisis filogenéticos, cuyos pormenores se amplían en los pies de figura correspondientes, nos encargamos nosotros mismos por medio de MEGA 6 —cf. TAMURA & al. (2013)— y MrBayes 3.2.7a —cf. RONQUIST & al. (2012).

Unas palabras sobre nuestro uso de la toponimia: al ser hoy tan fácil localizar inequívocamente los sitios mediante coordenadas numéricas, está exento de cualquier posible inconveniente práctico desentenderse de los nombres de los mapas oficiales —plagados de errores lingüísticos y de posición, algo achacable solo en parte al volumen y la premura del trabajo de aquellos cartógrafos: los asientos de campo son a menudo más fieles a la realidad que el mapa finalmente impreso, tras presuntos pulimentos de gabinete—. Así pues, y aunque de manera ecléctica y no siempre coherente, toda vez que este fin es para nosotros secundario —repárese, por ejemplo, en nuestra vacilación ortográfica al trascribir, no siempre con arreglo a la tradición literaria ni a las normas que se han propuesto para recuperar el patrimonio lingüístico astur-leonés, ciertos topónimos recogidos *ex viva voce populi*—, nos esmeramos, y pretendemos esmerarnos más aún en el futuro —propósito este último dirigido, sobre todo, a nuestras actividades fuera de los territorios asturiano y cántabro, los más familiares para nosotros—, por asociar nuestras citas a topónimos veraces y precisos. Aparte de por su utilidad práctica para el rastreo de las plantas —atiéndase, sin falta de abandonar este trabajo nuestro, al caso de *Prunus lusitanica* en Cantabria (página 87)—, tomarse en serio la toponimia representa un modo de ensanchar los cauces de nuestro compromiso con la preservación de la diversidad, conscientes como lo somos de la íntima relación entre los nombres de lugar y la propia flora, inspiradora directa de muchos topónimos y cuya distribución detallada depende con frecuencia de rasgos geográficos a los que otros aluden de manera reveladora. La flora cantábrica y la población humana asentada en estos territorios llevan milenios interactuando, y entendemos que nuestro respeto apologético por la primera engrana de un modo si no ineludible sí muy armónico con el que nos merece la otra, proyectada sobre el solar a través de la toponimia. A escalas temporales distintas, aunque parcialmente imbricadas, una flora diversa y una toponimia densa —testimonio ora de relieves complejos, ora de los antiguos sistemas agroganaderos de fincas pequeñas, segadas con poca frecuencia e inmersas en matrices arboladas, condiciones ambas que, juntas y por separado, son acogedoras para muchas especies de plantas, etc.— le confieren profundidad histórica al paisaje, con hondas consecuencias tanto en los planos más técnicos —que se cifran, respectivamente, en locuciones tales como «servicios ecosistémicos» y «contexto arqueológico»— como en el más humano por el cual, al recorrer cualquier paraje, uno nunca se siente desamparadamente solo, sino en la permanente compañía de un sinfín de parientes que, vivos o muertos, lejanos o cercanos, en un lenguaje o en otro y en una u otra lengua, se ofrecen a contarnos su historia. [Redactadas las líneas precedentes, vemos con alegría cómo ideas semejantes resuenan y se plasman en sitio tan admirable como Alejandre Sáenz & *al.* (2023a: 27, 195s)].

En punto a estilo, es tan obvio como deliberado nuestro afán, si no de imitar, sí de inspirarnos en el tono —poco convencional pero, por eso mismo, numantinamente inaccesible al algoritmo que habrá de gobernarnos a todos— del fundador de esta serie y de sus antecesoras, querido maestro de los tres firmantes y a quien —en acaso humilde pero muy sentido testimonio de gratitud, admiración y compromiso firme con su pequeña gran causa científica— dedicamos este centón florístico con motivo de su centenario.

Pongamos fin a estos párrafos introductorios explicitando nuestra gratitud hacia una serie de personas que nos han asistido de diversas maneras. Empecemos, cómo no, por Carlos Aedo Pérez, quien nos suministra toda suerte de informaciones bibliográficas y de herbario desde el Real Jardín Botánico de Madrid. Apreciamos también el apoyo de Óscar Sánchez Pedraja, cuyas graves obligaciones durante la reciente crisis sanitaria —que a tanta presión sometió a las oficinas de farmacia— forzaron una reducción de su actividad botánica que acabó por descolgarle de la lista de firmantes, pero con cuyo talento y capacidad de trabajo confiamos en volver a contar a todos los efectos en el futuro próximo. Los conservadores de varios herbarios han atendido con diligencia y amabilidad nuestras consultas: Estrella Alfaro Saiz (LEB), Eduardo Cires Rodríguez (FCO), Eva García Ibáñez (MA), Neus Ibáñez Cortina (BC), Borja Jiménez-Alfaro y el ya citado Eduardo Fernández Pascual (JBAG),

José Pizarro Domínguez (MAF) y Francisco Javier Salgueiro Gonzá-
lez (SEV). Los colegas Juan Antonio Alejandre Sáenz, Carles Benedí
González, Juan Antonio Calleja Alarcón, Juan Antonio Durán Gómez,
Bruno Durand, Roberto Gamarra Gamarra, Gérard Largier, Modesto
Luceño Garcés, Gonzalo Mateo Sanz, Juan Luis Menéndez Valderrey,
Herminio S. Nava Fernández, Ana Ortega Olivencia, Santiago Patino
Sánchez, Juan Manuel Pérez de Ana, Francisco Javier Pérez Carro, María
Inmaculada Romero Buján, Ramón Santiago Beltrán y Víctor Manuel
Vázquez Fernández nos facilitaron puntualmente diversas informaciones,
según en muchos casos se detalla a lo largo del texto. Aunque en aras
del consenso y de un cómodo seguidismo no siempre hayamos acatado
sus documentadas sugerencias, el filólogo Fernando Álvarez-Balbuena
García dio respuesta a cuantas consultas toponímicas se le plantearon,
y no fueron pocas. Adriano Álvarez Méndez, José Luis Marino Alfonso,
Santiago Recio Muñiz y José Rodríguez Flórez, por último, hicieron más
amenas y seguras buena parte de las fructíferas andanzas de J.M.R.B.

*Diphasiastrum alpinum (L.) Holub

ASTURIAS

Aller, pr. Santibanes de Murias, en torno a la majada Cuaña, 43°3'12,32"N 5°39'14,97"W, 1640 m, entre *Calluna vulgaris* (L.) Hull, *Rodríguez Berdasco*, 31-V-2014 (phot.); ibid., entre el pico Robequeras y el Camparón, 43°3'5,38"N 5°39'54,17"W, 1810 m, *Rodríguez Berdasco*, 31-V-2014; ibid., pr. Rubayer, puerto de Vegará, majada la Mortera, 43°1'46,99"N 5°29'40,21"W, 1730 m, *Rodríguez Berdasco*, 1-IX-2018 (phot.); ibid., 43°1'54,18"N 5°29'29,87"W, 1678 m, *Rodríguez Berdasco*, 24-VIII-2019; ibid., cabecera del reguero Morgao, 43°1'39,72"N 5°33'52,23"W, 1710 m, *Rodríguez Berdasco*, 16-VIII-2022; ibid., puerto de San Isidro, majada de Entresierras, 43°3'25,37"N 5°23'46,62"W, 1660 m, entre matas de *Calluna vulgaris*, *Rodríguez Berdasco*, 16-IX-2018 (phot.); ibid., por debajo de la Bizarrera, 43°3'22,57"N 5°24'35,23"W, 1625 m, *Rodríguez Berdasco*, 16-IX-2018; ibid., el Bolero, en su caída hacia la majada de Valverde, 43°2'27,82"N 5°38'34,01"W, 1865 m, *Rodríguez Berdasco*, 21-VIII-2020; Lena, Tuíza Riba, en la subida al Alto'l Palo, 43°0'27,82"N 5°54'38,93"W, 1420 m, talud cuarcítico sombrío al lado de la carretera, *Rodríguez Berdasco*, 26-VIII-2017 (phot.); ibid., camino de la Carisa, entre la collada Propinde y las minas de Cuaña, 43°3'26,50"N 5°42'9,13"W, talud de pizarras orientado al norte, 1645 m, *Rodríguez Berdasco*, 30-VI-2019 (phot.).

LEÓN

Cármenes, Piedrafita la Mediana, Valle Aguazones, 43°1'57,45"N 5°38'6,48"W, 1695 m, talud sombrío en orla de matorral de *Calluna vulgaris*, *Rodríguez Berdasco*, 8-IX-2017; ibid., 43°1'53,68"N 5°38'18,97"W, 1715 m, ladera de pizarras orientada al norte, entre matorral abierto de *Calluna vulgaris*, *Rodríguez Berdasco*, 8-IX-2017; Villamanín, Los Cel̦leros, 30TTN7561, 1840 m, entre *Calluna vulgaris*, *Carlón Ruiz*, 21-X-2017 (phot.); Oseja de Sajambre, Pío, pr. collada de Valdemagán, 43°5'51'00"N 5°29'29,87"W, 1735 m, entre matas de *Calluna vulgaris*, *Rodríguez Berdasco*, 7-IX-2019 (phot.); Puebla de Lillo, Isoba, justo al este de la laguna Negra, 43°4'34,64"N 5°19'15,37"W, 1755 m, matorral de *Calluna vulgaris*, *Rodríguez Berdasco*, 5-VIII-2023 (phot.); ibid., 43°4'33,98"N 5°19'23,42"W, 1740 m, borde occidental de la laguna Negra, talud sombrío, entre *Calluna vulgaris*, y también sobre esfagnos junto a *Homogyne alpina* (L.) Cass., *Rodríguez Berdasco*, 5-VIII-2023 (JBAG-Laínz 22268); ibid., puerto las Señales, sierra de Mongayo, cabecera del arroyo del Páramo, 43°5'11,26"N 5°15'2,24"W, 1750 m, colonia muy nutrida en una ladera orientada al norte, entre *Calluna vulgaris*, *Rodríguez Berdasco*, 19-VIII-2023 (phot.).

Tal y como intuíamos —cf. CARLÓN & *al.* (2014: 11)—, no se la puede considerar una planta rara. Damos por hecho que irán apareciendo más y más colonias si se busca en sitios apropiados; es decir, parajes de cierta altitud con brezales de *Calluna vulgaris* —especie, como buena ericácea, tolerante hacia los suelos empobrecidos merced a un hongo mutualista del que resulta ser parásito el prótalo de nuestro licopodio; cf. HORN & *al.* (2013).

En todas las localidades hoy señaladas —salvo en la última, si bien no se lo buscó a conciencia ni mucho menos— también se ha visto el *Lycopodium clavatum* L., nunca muy lejos y a menudo en estrecha convivencia, algo habitual por estos predios —cf. AEDO & *al.* (2000: 9-10)—. También en buena parte de ellas se vio la *Huperzia selago* (L.) Bernh. ex Schrank & C.F.P. Mart., si bien, por preferir esta última sitios más rocosos, rara vez en la inmediata vecindad de las otras dos. En párrafos subsiguientes nos referiremos con más detalle a esas otras dos licopodiáceas, así como al cuarto representante regional de la familia.

En el paraje lenense del Alto'l Palo —más conocido por los aficionados al ciclismo como puerto de la Cubilla— el licopodio medra en un roquedo sombrío y húmedo junto a la carretera, incluso en la propia cuneta; circunstancia que, protegido como lo está el *Diphasiastrum* en Asturias, habría de tenerse en cuenta si en algún momento se decide ensanchar esa carretera para dar satisfacción a los sobredichos aficionados, como se barrunta probable.

Lycopodiella inundata (L.) Holub

ASTURIAS

Puerto de Somiedo, entre los Praos del Obispo y la Veiga'l Prao, 43°0'50,97"N 6°14'7,87"W, 1480 m, ladera turbosa sobre cuarcitas, *Rodríguez Berdasco*, 15-VIII-2017 (phot.); ibid., 43°0'52,17"N 6°14'29,05"W, 1520 m, *Rodríguez Berdasco*, 15-VIII-2017 (phot.).

*LEÓN

Cabrillanes, pr. Meirói [Meroy], hacia el puerto de Somiedo, 43°0'2,39"N 6°13'50,52"W, 1400 m, ladera turbosa sobre cuarcitas, *Rodríguez Berdasco*, 5-VIII-2017 (phot.); Burón, puerto de Ventaniella, Tras el Frade, 43°4'55,55"N 5°9'48,61"W, 1325 m, muy localizada en una ladera higroturbosa sobre cuarcitas, *Rodríguez Berdasco*, 19-VIII-2023 (JBAG-Laínz 22269).

Velilla del Río Carrión, Otero de Guardo, Monte la Choza, ladera oriental de los Arbillos, 42°54'27,46"N 4°49'26,43"W, 1420 m, en un paraje higroturboso sobre cuarcitas, *Rodríguez Berdasco*, 14-VIII-2023 (JBAG-Laínz 22270).

A lo largo de los últimos años la hemos buscado con tanta insistencia como poco éxito en cuanto sitio encharcadizo sobre cuarcitas o areniscas cuarcíticas se nos puso por delante, tanto en la divisoria astur-leonesa o sus inmediaciones (puertos de Payares, Piedrafita, Vegará —valle de Riopinos— y San Isidro —en torno al pico Torres—, lago Ubales, la Rapaína, la Vega Pociellu, fuentes del Narcea, la Veiga'l Palo) como en numerosas sierras asturianas interiores o litorales (Penamanteiga, sierra de Aves, Penouta, Carondio, A Bobia, Paradieḷḷa, etc.). La planta, cuyas al parecer únicas colonias asturianas se acantonan, por alguna razón, en torno al puerto de Somiedo, tiene todos los visos de estar por aquí en franca retirada. Y no solo en Asturias: las dos colonias leonesas que hoy publicamos son a cuál más diminuta, y fueron necesarias dos visitas *ex professo* a la muy precisa localidad del este leonés de la que la citan DEL EGIDO & *al.* (2012a: 24) para dar allí con unas pocas plantas, relegadas a los sectores despejados por flujos ocasionales de agua o por los animales que acuden a revolcarse o a abrevar. De la situación en Palencia, algo menos desesperada, algo se dice en los párrafos que siguen.

Solo una de las colonias asturianas, la más baja de las de la Veiga'l Prao, cuenta con un buen número de ejemplares; si bien, como sucede en la aledaña Veiga Cimera —cf. CARLÓN & *al.* (2014: 11-12)—, da toda la sensación de haber ido a menos en tiempos recientes, desplazada por una evolución espontánea de la vegetación que la mengua e irregularidad de las precipitaciones y el aumento de la insolación y las temperaturas habrán fácilmente acelerado: las zonas abiertas fangoso-arenosas con colonización incipiente de *Sphagnum* van dando paso, en fases sucesivas, a tapices musgosos densos y a céspedes de *Narthecium ossifragum* (L.) Hudson primero y, posteriormente, de *Eriophorum angustifolium* Honck. y *Molinia caerulea* (L.) Moench. Ciertamente, este carácter pionero, efímero, y esta difusión limitada a pequeñas colonias desperdigadas son algo intrínseco al nicho de regeneración de la especie. Cabría entonces argumentar que, si ha logrado llegar hasta nuestros días de ese modo precario y errático, bien podrá seguir haciéndolo en el futuro. Sin embargo, ha de tenerse en cuenta la merma sustancial experimentada a lo largo de las últimas décadas por nuestros sistemas turbosos en términos de número y de extensión, tanto la agregada —por la desaparición de algunos— como la de cada uno de los remanentes. Los sitios planos o levemente inclinados colonizados por la especie, con la turba e incluso el sustrato mineral expuestos por la erosión, y que pasan de inundarse en invierno a secarse durante verano, dependen de fenómenos —avalanchas, heladas severas, arroyadas, etc.— lo bastante infrecuentes como para que solo en áreas extensas quepa contar en todo momento con al menos un sector despejado, desde el cual la planta puede dispersarse hacia los nuevos claros que, a distancias razonablemente cortas, vayan generándose. El pisoteo de los animales, fuente regular de dichos claros hasta no hace tanto —lo que acaso reducía ese tamaño mínimo necesario para la persistencia a largo plazo de las plantas pioneras—, difícilmente cumplirá esa función ahora que la presión ganadera ha crecido —cf. BLANCO FONTAO & al. (2011)— pero, sobre todo, se ha vuelto menos uniforme: ciertas zonas húmedas, las más cercanas a accesos rodados, son arrasadas un año tras otro, y eutrofizadas de paso, por unas vacas apremiadas por la escasez que sequías estivales cada vez más severas y frecuentes ocasionan en los pastos ordinarios; al tiempo que otras, las menos accesibles, se ven abandonadas y expuestas al cierre definitivo de la vegetación.

Las causas tradicionales de regresión de la vegetación turfófila, derivadas del pastoreo ya sea directa —la sobrecarga— o indirectamente —los drenajes, rellenos y abonos dirigidos a volver esos terrenos más productivos y seguros para el ganado—, se han visto recientemente sustituidas o más bien complementadas por otra, relacionada con la silvicultura y muy perceptible en nuestra localidad palentina, primera provincial: las plantaciones masivas de pino silvestre que se han hecho en la cabecera de la cuenca de captación responsable de esa extensa área pantanosa —donde la *Lycopodiella*, por comparación con lo visto en otros sitios, aún está relativamente difundida— estarán con seguridad elevando la presión que sobre ella ejercerían por sí solos los veranos más secos y cálidos, al bombear los árboles gran cantidad de agua de lluvia hacia la atmósfera y sustraerla de la escorrentía superficial, desviada para colmo por los aterrazamientos. Estaría revirtiéndose, en cierto modo, el aleccionador proceso que generó, por ejemplo, las vastas turberas irlandesas, hijas de la deforestación neolítica —cf. TOMLINSON (1997: 118)—. Uno se callaría si el efecto fuese consecuencia de una recolonización espontánea, gratuita, por parte de los bosques ancestrales, incluidos los de pinos si es que de veras son autóctonos —cf. CARLÓN & *al.* (2010: 11) y, sobre todo, lo expuesto por Francisco Javier EZQUERRA BOTICARIO en su tesis doctoral (*Los pinares en la evolución de los paisajes forestales de las montañas leonesas a lo largo del Holoceno*), defendida en la Universidad de Léon en noviembre de 2015—. Pero merece nuestra desaprobación que estas maniobras masivas, causantes además de una severa modificación de la geomorfología de las laderas por el uso de maquinaria pesada, y sin ningún rendimiento monetario —por otra parte discutible cuando, de tenerlo, sería a costa de una pieza valiosa del patrimonio natural de todos—, cuenten con el beneplácito cuando no el patrocinio de las administraciones públicas y se escuden en presuntos beneficios medioambientales.

Recapitulemos subrayando cuán cierto es el riesgo de que, a medio si no corto plazo, la *Lycopodiella inundata* acabe por extinguirse en nuestras regiones. Las administraciones de Galicia y Castilla y León hacen muy bien en protegerla de forma expresa, y bueno sería que también la asturiana lo hiciese cuanto antes, habida cuenta de lo insuficiente de la protección indirecta que le brinda a nuestra planta el hallarse en un parque natural y el ser una de las especies definitorias del Hábitat de Interés Comunitario 7150 («Depresiones sobre sustratos turbosos del *Rhynchosporion*») del Anexo I de la Directiva 92/43/CEE —traspuesta al ordenamiento jurídico español a través de la ley 42/2007—: por un lado, no se trata de un hábitat prioritario; por otro, los mecanismos de protección previstos para los integrantes de dicho Anexo, basados en la mera declaración de que superficies suficientes deberán preservarse inalteradas, son ineficaces para sistemas tan efímeros; y, en todo caso, bastaría para considerarlos técnicamente implementados la protección formal de ciertos enclaves mejor o peor referibles al mencionado HIC 7150 pero desprovistos de nuestro exquisito licopodio. Por consiguiente, se diría indispensable acometer, con el respaldo de una protección legal específica, un seguimiento regular de las turberas que sí lo acogen, a fin de comprobar si se están generando claros espontáneos en los que pueda irse manteniendo para, en caso contrario, crearlos mediante la retirada de pequeñas superficies de acrotelma —en román paladino, de *tepes* o *tapinos*.

Aprovechemos la circunstancia de que en la vertiente ya plenamente leonesa de la Veiga'l Prao —43°0'53,04''N 6°14'57,02''W, 1580 m, entre las consabidas matas de *Calluna vulgaris*— también se encuentra el **Lycopodium clavatum** L. para hacer algunas precisiones acerca de su distribución cantábrica. Frecuente y hasta abundante en la vertiente asturiana de la Cordillera, entre el macizo de Ubiña y el puerto de Ventaniella, se enrarece mucho más hacia el oeste, acaso por lo menos lluvioso y neblinoso de los veranos. Son contadas las localidades conocidas: Alto de la Farrapona, Alto Prefustes y Veiga Cimera, en Somiedo; y, en Cangas del Narcea, Cueto d'Arbas y Altos del Morteiro (JBAG-Laínz 22197). FERNÁNDEZ PRIETO & BUENO SÁNCHEZ (1996: 157) lo citan de la Reserva Integral de Muniellos, y LAÍNZ (1967: 51), como una rareza, de las montañas lucenses rayanas con Ancares, única localidad gallega conocida por el momento. En lo altitudinal, donde más abajo lo hemos visto en Asturias es en la vertiente allerana de la sierra de Ranero, prolongación norteña del más conocido Cordal de la Boya, a 1280 m, altitud semejante a la que alcanza la planta sobre Pandébano, en el macizo central de los Picos de Europa. Hacia el este —podrían explicarlo los veranos lluviosos y, sobre todo, los inviernos cada vez menos templados a igualdad de altitud, pero no es este el sitio de extenderse en tales especulaciones— van descendiendo las cotas a las que se ha visto la planta: baja hasta los 1100 m en los Montes de Pas (Burgos-Cantabria) —cf. ALEJANDRE & *al.* (2012: 89-92)—, hasta los 1000 m en Álava —cf. ASEGINOLAZA IPARRAGIRRE & *al.* (1985: 28)—, hasta los 850 m en Navarra —cf. BASCONES (1982: 199)— y hasta solo 650 m —cf. ASEGINOLAZA IPARRAGIRRE & *al.* (*loc. cit.*)— y 600 m —cf. LIZAUR SUKIA (2003: 58), así como la página 95 de un suplemento inédito al *Katalogoa* que el propio Xabier Lizaur entregó en 1994 al Gobierno Vasco— en Guipúzcoa. Conste que, el 29-IX-2023, en la muy experta compañía de J. A. Alejandre, hemos revisado, más de 30 años después, los escasísimos enclaves de «esfagnales y brezales turbosos» existentes en el lugar, en la cuadrícula y altitud indicadas por Xabier Lizaur y en sus cercanías —consultadas, en la cartoteca digital del Instituto Geográfico Nacional, las fotografías realizadas en vuelos anteriores (1984 y 2003), no se aprecian, a macroescala, cambios significativos en el paisaje vegetal del área de Usabelartza—. No se ha encontrado el licófito.

Huperzia selago (L.) Bernh. ex Schrank & C.F.P. Mart.

CANTABRIA

Picu Janu, pr. Bárcena [de Pie de Concha], 30TVN1672, 1270 m, sobre roca silícea en recovecos muy sombríos entre bloques grandes, en la umbría de la cumbre, *Moreno Moral* MM0002/2023, 30-III-2023 (herb. Alejandre).

Hemos visto el artículo de BJÖRK (2020), de acuerdo con el cual la mayor parte si no todas las plantas latecantábricas del género, al faltarles esos verticilos de gémulas patentes que rebasan ampliamente las hojas y caracterizarían a la verdadera *selago*, serían referibles a su *H. europaea* Björk —en la península ibérica, a juicio del autor norteamericano, la verdadera *H. selago* solo viviría en Gredos (M. Luceño Garcés, *comm. pers.*)—. Ahora bien, nos parece cuando menos prematuro aceptar la realidad de ese nuevo taxon, fundamentado en un par de etéreos detalles morfológicos —si se prescinde del de las gémulas, prácticamente se queda uno con la disposición de las hojas, al parecer más patentes en *H. europaea*—, variables además con la madurez de los tallos y, como declara el propio autor, difíciles de apreciar en plantas prensadas. El artículo, basado en lo visto en tan solo 6 herbarios —de los cuales solo uno, H (Helsinki), es europeo—, renuncia de manera expresa a buscar la asociación entre presuntas discontinuidades morfológicas y números cromosomáticos, y carece por completo tanto de comparaciones moleculares como de análisis morfométricos estadísticos. Faltan, en suma, las pruebas extraordinarias requeridas por afirmaciones tan extraordinarias como que, según se desprende de la lista de parátipos, las especies convivan a menudo entremezcladas sin haberse dado ni cuenta los colectores, o que generaciones de botánicos británicos hayan pasado por alto que en sus peinadísimas islas viven la friolera de 5 especies del género en vez de la simple *H. selago* de toda la vida —la cual sigue siendo, con tan solo un vago comentario acerca de la posible existencia de táxones poliploides crípticos, la única reconocida en la edición de 2020 del Atlas de la BSBI (Botanical Society of the British Isles).

No se agota ahí nuestra desconfianza, y no hablamos de pecados veniales como la confusión en el pie de su figura 9 sino de omisiones serias: al hablar de *H. suberecta* —una planta descrita de Madeira, que se tenía por endémica de dicha isla y de las Azores y que ahora Björk, al sinonimizarle varios nombres acuñados para plantas norteamericanas, y tras revisar sus seis herbarios, da por extendida a lo largo y ancho de Europa y Norteamérica— ni siquiera se menciona el trabajo —cf. FERNÁNDEZ PRIETO & al. (2008)— en el que se pusieron en evidencia diferencias sustanciales entre la planta macaronésica y la *H. selago* (o *europaea*, poco importa en este caso) de las montañas ibéricas, entre ellas una con tanto peso biosistemático, por su presumible rigidez fenotípica, como la grabadura de las esporas. Sin alusión ninguna a un detalle diagnóstico tan fundamental como ese, y sin ninguna prueba molecular de parentesco, uno no logra sustraerse a la sospecha de que Björk, al asimilar a su única muestra de Madeira plantas alemanas, finlandesas, letonas, rumanas y rusas —por no hablar de las de la Columbia Británica y de los estados norteamericanos de Indiana, Minnesota, Tennessee, Washington y Wisconsin— no hace sino reunir, de manera arbitraria, ejemplares que dieron en tener las hojas un tanto patentes.

Expuestas ya las razones de nuestra perseverancia en el uso del viejo nombre linneano, introduzcamos unos cuantos comentarios de índole ecológico-corológica, análogos a los hechos acerca de las otras licopodiáceas regionales. Frecuente al este de Ubiña, incluso en calizas lavadas, hacia el oeste se vuelve muy escasa, y a lo largo de un largo trecho de la divisoria tan solo lo hemos visto alrededor de la Veiga Cimera (JBAG-Laínz 19089) —se cita también de las cuarcitas de la zona del Cornón, cf., v. gr., FERNÁNDEZ PRIETO (1983: 510)— y en torno al Cueto d'Arbas —donde, aunque muy rara, ya fue encontrada por Durieu—. Pero hay un sector del extremo occidental de la Cantábrica en el que, de manera un tanto inesperada, se nos presentó en cierta abundancia: nos referimos a la vertiente asturiana entre el Alto del Miro (más conocido como Teso Mular, nombre oriundo de la comarca leonesa fronteriza de Forniella [Fornela]) y el Miravalles. Obviamente, la explicación no podrá aquí ser topoclimática —es, de hecho, el tramo asturiano con un verano más seco y luminoso, pues las pocas nieblas veraniegas quedan ancladas en la vertiente canguesa de las sierras de Munieḷḷos y del Rañadoiro— sino más bien litológica: por alguna razón, los esquistos paleozoicos de la fm. Luarca característicos de este sector le son muy propicios a la *Huperzia*, hasta el punto de dejarla caer hasta los 1380 m en un roquedo muy sombrío junto a la ruta habitual que comunica la localidad de Luiña con la cima del Miravalles (JBAG-Laínz 22198); altitud no muy superior a la mínima hasta hoy registrada en Asturias, correspondiente a las montañas de la mitad oriental, más nubosas en verano —cf. Laínz (1979: 30).

Un poco más hacia el oeste, ya en Galicia, hay un par de citas periancaresas —cf. Reinoso & Rodríguez-Oubiña (1987: 254); Silva Pando (1994: 251)—. La segunda —de sitio análogo, en lo elevado y sombrío, a los arriba señalados del extremo suroccidental de Asturias: cara norte de la Pena Longa— nada tiene de sorprendente a la vista de nuestra experiencia en las montañas asturleonesas; pero no deja de extrañarnos la otra, referida a un brezal turboso a tan solo 1100 m, en el mismo sitio —el *stock* granítico de Suárbol y Piornedo— del que se ha citado una y otra vez la *Lycopodiella inundata*. Desde allí la planta salta hasta sus llamativas localidades de los brumosos relieves costeros de la Galicia más septentrional, donde la conocieron ya Merino —cf. Soñora (1992: 282s)— y antes aún, verosímilmente, Teixidor. Hacia el este cantábrico, y a pesar de un clima no menos propicio, no nos consta que la planta se aproxime a la costa, y es preciso llegarse hasta las peñas de Aya —cf. Catalán & Aizpuru (1984: 254)— para encontrar una situación parecida a la gallega. La litología, con la caliza predominando en muchos de los relieves costeros más vigorosos, bien podría ser la causa.

Invalidaría este diagnóstico nuestro la localidad de «Bárcena» —cf. Willkomm (1893: 3)— de estar Anthos en lo cierto al asimilarla a Bárcena de Cicero. Pero un vistazo al *Supplementum* bastó para convencernos de que dicha Bárcena es la cercana a Reinosa citada una y otra vez por boca de Georg Dieck y correspondiente con certeza a la capital del municipio de Bárcena de Pie de Concha; de modo que el «pico de Bárcena», asimismo señalado con insistencia, solo puede ser —lo sustentan los requerimientos ecológicos de los briófitos recogidos allí por Dieck, cf. Röll (1897)—la montana a todas luces más seductora para cualquier botánico que visite el valle de Iguña: el descollante Picu Janu. Animado por estas deducciones, uno de nosotros (G.M.M.) ascendió a dicha cumbre el 30-III-2023 y pudo comprobar cómo la planta sigue viviendo allí al cabo de 131 años. Eso sí, muy localizada —imposible saber si más que entonces—: se ganó la cima del Janu desde el barrio La Collada —de Bárcena—, ascendiendo por toda la cresta NW —las Cubías, Prao Hidalgos, Cuchío, el Portillu Janu— y revisando con atención cualquier anfractuosidad sombreada —al pie de las rocas, en sus repisas, entre una roca y otra— y ciertos declives del terreno despejados pero orientados al norte, como también se hizo a lo largo del camino que —a través del monte Cubanón, contiguo a las conducciones de la presa de Alsa—, une Cuchío con la central hidráulica del Torina, junto a La Collada; pero tan solo se vio la diminuta colonia junto a la misma cumbre cuya cita se formaliza en el encabezado de esta sección.

Isoetes histrix Bory

ASTURIAS

Ibias, entre Ridiporcos y Bustelín, 43°4'25,88"N 6°56'17,49"W, 335 m, repisas musgosas de cuarcitas, *Rodríguez Berdasco*, 14-V-2017 (JBAG-Laínz 22191); ibid., Peneda, 43°2'46,42"N 6°55'0,55"W, 685 m, en pudingas, *Rodríguez Berdasco*, 3-VI-2018 (phot.); ibid., Penedela, 43°2'36,99"N 6°55'22,01"W, 520 m, prado de diente al lado de la capilla del pueblo, en un herbazal ralo, sobre suelos húmedos en primavera, *Rodríguez Berdasco*, 31-III-2019; ibid., pr. Bustelín, 43°3'37,31"N 6°56'25,94"W, 460 m, suelo compactado, mal drenado, con predominio de terófitos, *Rodríguez Berdasco*, 20-IV-2019 (JBAG-Laínz 22205); Tineo, por encima de Santa Marta, 43°17'49,69"N 6°21'39,75"W, 425 m, talud rezumante de pizarras junto a la carretera, *Rodríguez Berdasco*, 20-VI-2020 (JBAG-Laínz 22206).

Citada por primera vez para Asturias en CARLÓN & *al.* (2014: 12), parece proliferar por los parajes más caldeados del suroccidente asturiano, en los cuales llega a ser localmente abundante. Es el caso de la parte baja de la cuenca del río Bustelín, lugar sin ninguna protección legal a pesar de ser, desde el punto de vista biogeográfico, único en el Principado.

El hábitat de nuestro licófito, al menos por aquí, lo representan los roquedos silíceos temporalmente rezumantes, en no pocas ocasiones entre densos céspedes y pulvínulos de musgos saxícolas, que conservan la humedad durante más tiempo y lo ayudan a capear la sequía estival.

*Isoetes asturicensis (M. Laínz) M. Laínz

ASTURIAS

Cangas del Narcea, proximidades del cementerio de Monasterio de Hermo, 42°58'48,23"N 6°30'1,72"W, 1273 m, en pequeña laguna, *Rodríguez Berdasco*, 15-VII-2005 (JBAG-Laínz 22165) et 24-IV-2021 (phot.).

Cuando hace años quiso la casualidad nos asomásemos a ella, nos sorprendió no ver surgir de entre los lodos de esta lagunilla ningún vegetal aparte de este isoético endémico de las cubetas oligotróficas de origen glaciar del cuadrante noroeste peninsular. En una segunda visita al lugar, quince años después, pasó a asombrarnos el avance tremendo del proceso de colmatación, sustanciado en una copiosa presencia de algas, de algún briófito acuático e incluso ya de algún ranúnculo del subgénero *Batrachium* (DC.) A. Gray. En la actualidad, la *Isoetes* tan solo aparece arrinconada —una treintena de ejemplares— en un minúsculo margen de la laguna. Huelga extenderse en la urgencia de eliminar esa vegetación que la ahoga, para luego tratar de determinar si su explosión es consecuencia de alguna fuente de polución que pueda suprimirse: la especie, recordémoslo, está protegida en Asturias; y pongamos por delante, para animar a la autoridad competente, que al menos la limpieza, dadas las dimensiones de la masa de agua, quedaría resuelta para años con una jornada de trabajo de un único operario: si se nos autoriza, y si ello no implicase privar de empleo a quien pueda vivir de prestar servicios de este tipo, lo haríamos nosotros mismos *gratis et amore*.

En las otras localidades asturianas conocidas su situación es también harto preocupante, y tan solo la colonia del lago Ubales parece viable a plazo largo. En la laguna del Baxo'l Camín —cf. FERNÁNDEZ BERNALDO DE QUIRÓS & GARCÍA FERNÁNDEZ (1987: 186-187, 250)—, tras varias búsquedas, no hemos dado con la especie; y bien puede haberse extinguido visto el avanzado estado de colmatación. En los Chagüeños degañeses —cf. FERNÁNDEZ BERNALDO DE QUIRÓS & GARCÍA FERNÁNDEZ (*op. cit.*: 204)— va por el mismo camino, como lo hace en su localidad clásica de la laguna de Arbas, en Leitariegos, donde el proceso de colmatación también ha avanzado mucho a lo largo de las últimas décadas.

Concedemos rango específico a nuestro endemismo, y no solo siguiendo los convincentes criterios expuestos por PRADA & ROLLERI (2003), ROMERO BUJÁN & REAL (2005) y ROMERO BUJÁN & *al.* (2006) —encabezados por la superficie casi lisa de las megásporas y el corto número de haces colenquimáticos en las hojas—, sino sobre la base de una pequeña aportación taxonómica propia en un campo, el molecular, al parecer inédito en lo referente a esta planta: el análisis filogenético de la secuencia del ITS del ADN ribosomático extraído de un fragmento de hoja de la población nueva que hoy señalamos (figura 1) revela una diferenciación insignificante con respecto a la reófila *I. fluitans* del Miño, la *I. boryana* de los lagos costeros aquitanos, la planta del *Midi* francés que se ha llamado *I. velata* e *I. longissima* (nombres al parecer sinónimos, acuñados ambos para plantas argelinas, e ilegítimo el primero, cf. Troìa & Greuter [2014: 1]; Sáez Gonyalons & *al.* [2020]) y otra ciudadrealeña repartida por J. Fernández Casas como *I. delilei* (= *I. setacea*) pero que la revisión de un duplicado (JBAG-Laínz 98) revela —en la presencia del velo epónimo en el esporangio— como correspondiente, de conformidad con el mensaje molecular, a este grupo de *I. longissima-velata* sensu latissimo. En contraste, una muestra tunecina —y por consiguiente cuasilocotípica— de *I. longissima* forma un clado estadísticamente sólido (tanto para el análisis de máxima verosimilitud que presentamos como, sobre todo, para otro bayesiano que arrojó una probabilidad posterior de 0,99) con una serie de accesiones orientales.

Una primera conclusión de estos resultados —coherentes con los obtenidos por Larsén & Rydin (2016) y por Larsén & *al.* (2022)— es lo problemático de usar binómenes como *I. longissima* e *I. velata* para referirse no ya a todas sino siquiera a algunas de las plantas ibéricas y francesas. Si se opta por la síntesis total de lo extraafricano, el binomen más antiguo es *I. tenuissima* Boreau in Bull. Soc. Industr. Angers 21: 269 (1851), acuñado para una planta subacuática de Haute-Vienne —no tan lejos, dicho sea de paso, de la *terra classica et unica* de *I. boryana*— y que, salvo en ese sentido amplísimo, es harto improbable que pueda asignársele con rigor, como hicieron sus colectores, a la accesión italiana representada en la figura 1 —cf. Troìa & Greuter (2015)—. Mas, por regresar a la planta de nuestras montañas, estamos en que, si las drásticas diferencias ecológicas y biogeográficas contribuyeron a persuadir a Troìa & Rouhan (2018) para concederles, siquiera de manera provisional, autonomía específica a *I. boryana* e *I. tenuissima*, incluso con mayor contundencia deberían apoyar la de *I. asturicensis*, sin que nos parezcan óbice mayor, por su excepcionalidad, las ocasionales transiciones micromorfológicas y ecológicas documentadas en el Sistema Central —cf. Molina (2021)— hacia la planta anfibia mediterránea que se viene asimilando —acaso erróneamente, como decíamos— a la verdadera *I. longissima* (= *I. velata*).

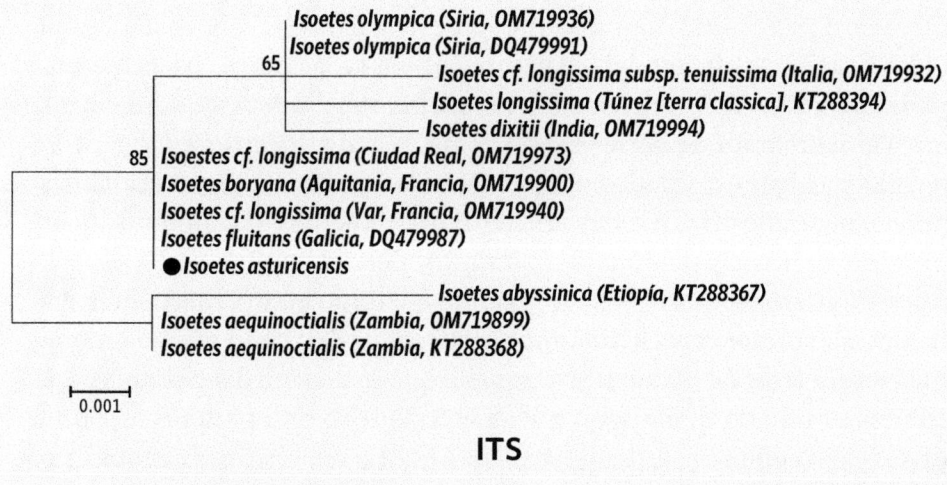

ITS

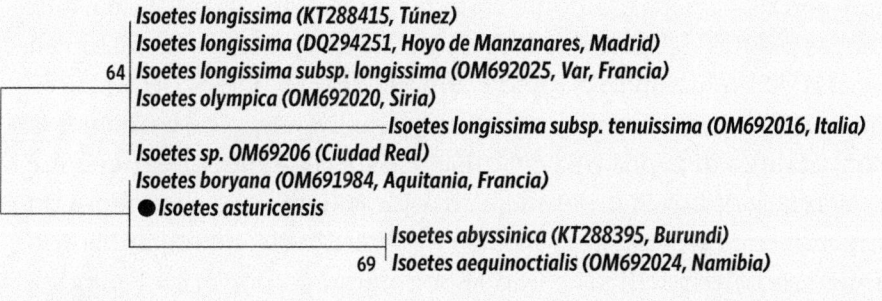

rbcL

Figura 1. Filogramas resultantes de un análisis de máxima verosimilitud —basado en el modelo de Tamura-Nei, con tasas de cambio asimiladas a una distribución gamma con 5 categorías (+G, parámetro=0.1000) a partir de un árbol inicial construido por agrupamiento Neighbor-Joining de una matriz de distancias construida por el método Maximum Composite Likelihood (MCL)— de secuencias alineadas con Muscle —cf. EDGAR (2004)— de a) el ITS (ADN ribosomático nuclear, 457 bp) y b) el gen rbcL (ADN cloroplástico, 1068 bp]. Las accesiones que no son nuevas se identifican con su número en GenBank (https://www.ncbi.nlm.nih.gov/genbank), y junto a los nodos se indica el porcentaje de permutaciones *bootstrap* de la matriz original cuyo análisis reconoció ese mismo agrupamiento.

El estudio de la secuencia del gen *rbcL* del ADN cloroplástico (figura 1) ofrece un panorama algo distinto: en este caso sí habría base para la identificación tradicional de la planta anfibia de las tierras bajas mediterráneas de Iberia y Francia con la norteafricana *I. longissima*, mientras que las accesiones de las *terrae classicae* de *I. asturicensis* e *I. boryana* forman parte de otro clado cuya probabilidad posterior, según el análisis bayesiano, es de 0,73. No hay en GenBank ni hemos extraído nosotros ninguna secuencia del *rbcL* de *I. fluitans*, pero el análisis de LARSÉN & RYDIN (*op. cit.*: 162s, sub «*I. longissima*»), basado en otra secuencia, ya reconocía en esta especie una incongruencia mayor aún entre la filogenia basada en el ADN nuclear y aquella que se deduce del cloroplástico. Hemos estudiado demasiado pocas accesiones como para ofrecer una explicación sólida a este desajuste —que podría deberse, por ejemplo, no necesariamente a un reparto sino a una mera detección incompleta de polimorfismos—, pero esa doble singularidad molecular que constatamos en las plantas del noroeste ibérico y el oeste francés —lo mismo en secuencias de evolución más rápida como la del ITS que en otras, como el gen *rbcL*, cuyo cambio se ve lastrado por el requisito de mantener la función catalítica de la proteína en la que se traduce su transcrito (repárese en la diferencia de escala de los filogramas de la figura 1)— corrobora un alejamiento con respecto a las plantas mediterráneas incompatible con tratamientos subespecíficos como el popularizado por FLORA IBERICA —cf. PRADA (1986: 17-19)—, y nos reafirma en nuestra convicción de que considerarla toda una especie es el mejor modo no solo de condensar su personalidad ecológica y evolutiva, sino de granjearle el respeto necesario para detener y hasta revertir cuanto antes el acusado declive —muy significativo en planta tan intolerante a la polución del agua— que, como arriba se expone, viene experimentando.

Isoetes durieui Bory

ASTURIAS

Pravia, Los Cabos, 43°31'9,37''N 6°5'1,14''W, 5 m, sobre fangos, en un paraje encharcado temporalmente con, entre otras, ***Ranunculus ophioglossifolius*** Vill., *Rodríguez Berdasco*, 23-III-2019 (JBAG-Laínz 22194).

Especie bastante rara en el ámbito cantábrico —cf. Romero Buján & al. (2004a: 53); Nava & Fernández Casado (2014: 285)—, donde entendemos, a juzgar por la segunda de las referencias citadas, que solo por lapsus se la ha considerado alóctona —cf. Fernández Prieto & al. (2014: 132)— y donde, de hecho, también nosotros creemos que debería protegerse de manera expresa. Podrá aparecer, si se rastrea a conciencia —se la confunde con facilidad con las fases vegetativas de algunas ciperáceas, juncáceas y gramíneas—, en algún otro paraje inundable próximo al litoral cantábrico que haya escapado a la masiva humanización de estos espacios.

Y aunque sea un poco cogida por los pelos, vaya una precisión acerca de la especie citada como acompañante (JBAG-Laínz 22195), planta termófila, sureña, conocida en Asturias tan solo de la costa —cf. Aedo & al. (1990a: 104)— y cuya presencia en el lago de la Ercina —cf. Alonso Felpete & al. (2011: 211)— resulta muy poco verosímil: lo abundante en el complejo de lagos y vegas inundables que solemos asociar con Covadonga, como señalaron Fernández Bernaldo de Quirós & García Fernández (1987: 38-39, 241), es el general *Ranunculus flammula* L., que también admite haber herborizado en la Ercina —cf. Alonso Felpete & al. (*loc. cit.*)— la persona responsable de la cita de *R. ophioglossifolius*. Asimismo por lapsus presumible, Mayor & Díaz González (2003: 713) desorientan de parecida manera, más acusada incluso, acerca del verdadero hábitat de la especie de Villars, cuya *terra classica* es la orilla provenzal del Mediterráneo.

Equisetum variegatum Schleich. ex F. Weber & D. Mohr

LEÓN

Puebla de Lillo, pr. Cofiñal, Valle Pinzón, 43°4'1,56"N 5°17'47,94"W, 1360 m, rezumaderos calcáreos, *Rodríguez Berdasco*, 11-VIII-2018 (JBAG-Laínz 22223).

Una localidad adicional de este equiseto protegido y, en efecto, más bien raro por estos pagos —cf. Aedo & al. (1999: 248; 2003: 9); del Egido & al. (2012b: 209).

Ophioglossum lusitanicum L.

ASTURIAS

Sobrescobio, Rusecu [Rioseco], Camín de la Peña, 43°13'32,50"N 5°26'53,57"W, 500 m, rellanos calcáreos, pastos rasos y ralos sobre arcillas de descalcificación, *Rodríguez Berdasco*, 8-1-2022 (JBAG-Laínz 22199).

Tras nuestra última referencia a la especie —cf. CARLÓN & *al.* (2014: 13-14)—, la hemos buscado con ahínco en lugares propicios de la geografía asturiana. Que tal búsqueda haya tenido por todo fruto la pequeña adición de hoy apunta decididamente a que esta miniatura, pese a estar localmente difundida en algunos de los sitios señalados en aquel momento, a escala regional es de veras una rareza.

Ophioglossum azoricum C. Presl

CANTABRIA

Cabezón de Liébana, sobre Nozal, por encima de El Barrio —Cabariezo—, 30TUN7077, 495 m, suelos musgosos y terrosos, con humedad, en zona de contacto entre prado y matorral sustitutivo del degradado encinar en la vertiente soleada de la riega Ociria, *Moreno Moral* MM0001/2016, 2-IV-2016 (herb. Sánchez Pedraja) —la lámina, ovada o anchamente lanceolada y cuneada en la base, llega a tener de 12 a 14 mm de anchura y hasta 19 esporangios a cada lado del segmento fértil; los ejemplares están en los comienzos de su desarrollo; la colonia ocupa una superficie muy reducida, pero la componen un nutrido número de ejemplares y se detectó otro pequeño grupo un poco más arriba—; ibid., *Moreno Moral*, 7-V-2016 (phot.) —los ejemplares están cerca de la maduración pero sin esporular aún, para lo que faltarían unos quince días.

También el enclave lebaniego permite a la especie adentrarse en la vertiente cantábrica, como ya nos constaba que sucede en tierras asturianas —cf. CARLÓN & *al.* (2014: 15s)—. Tanto en Liébana como en Lena viven los tres representantes ibéricos del género.

*Culcita macrocarpa C. Presl

ASTURIAS

Caso, Foz del Infiernu, 43°15'17,63"N 5°19'3,47"W, 545 m, en un canalizo cuarcítico muy sombrío, próximo al río, *Rodríguez Berdasco*, 22-II-2020 (phot.).

Bárcena de Cicero, la Quilla, pr. San Pelayo —Cicero—, 30TVP5804, 145 m, taludes en la cabecera de un arroyuelo unos 750 m al E-NE de la subestación eléctrica, con *Woodwardia radicans* (L.) Sm., bajo robles pero en el seno de extensas plantaciones de eucalipto, *Carlón Ruiz*, 22-II-2023 et 27-VII-2023 (phot.).

Relicto íbero-macaronésico que, en Asturias, se refugia en los barrancos cuarcíticos del cuadrante nororiental —cf., v. gr., FRASER-JENKINS & LAÍNZ (1983: 299-301); FERNÁNDEZ ORDOÑEZ & *al.* (1984: 49); PÉREZ CARRO & *al.* (1989: 551); NAVA & FERNÁNDEZ CASADO (2002: 20-21); ARGÜELLES & *al.* (2005: 152); COLLADO PRIETO (2017: 28-29)—. Colonia ésta muy localizada y con pocos ejemplares, caso contrario de las que hay por allí del *Hymenophyllum tunbrigense* (L.) Sm.

La nueva colonia cántabra, que acorta un poco el hiato entre las orientales y las occidentales —cf. CARLÓN & *al.* (2010: 9); DURÁN GÓMEZ & *al.* (2019: 81)—, es en extremo pequeña y localizada: en julio, varias horas de exploración de esas vaguadas embarrancadas, todo lo detenida que permiten lo abrupto del terreno y lo espeso de su vegetación, no permitió sumar ningún ejemplar a los dos vistos en febrero, aunque sí colonias muy nutridas de *Woodwardia radicans*.

Phegopteris connectilis (Michx.) Watt

Llanes, sobre el río Tornu —junto a las Calveras, al pie de la sierra del Cuera—, pr. Purón, 30TUP6003, 350 m, retazo de bosquete caducifolio, *M.ª P. Fernández Areces* & *F. J. Pérez Carro*, 23-VII-2012 (phot.; muestra cultivada en tiesto).

Selaya, bajo el Esperal —vertiente umbría sobre el cauce del río Pisueña—, pr. Pisueña, 30TVN3782, 335 m, explanada con roble americano, muy turbosa y encharcada, *M.ª P. Fernández Areces* & *F. J. Pérez Carro*, 13-VIII-2013 (phot.) —visitada la exigua colonia varias veces en los últimos 3 o 4 años, pero muy probablemente extinta, pisoteada por una entresaca, lo que se pudo comprobar de nuevo el 21-X-2023—; Miera, el Canalón —al pie de Montellao, macizo de Peña Herrera—, pr. Irías, 30TVN4092, 785 m, entre rocas calizas en herbazal-helechal en vertiente umbría, unos metros por encima del fondo del Canalón, *Moreno Moral* MM0036/2018, 26-VIII-2018 (herb. Sánchez Pedraja) —más de un centenar de frondes—; ibid., Hazayeda —al pie de Peña las Fuentes, macizo de Peña Herrera—, pr. Irías, 30TVN4092, 660 m, en pequeños declives en herbazal con *Pteridium aquilinum*, en la vertiente umbría de Peña las Fuentes —pocos metros por encima del fondo de la canal de Hazayeda—, *Moreno Moral*, 26-VIII-2018 —un par de colonias con más de un centenar de frondes en total—; ibid., bajo el Castillón, en la estribación NE de Peña los Lobos —macizo de Peña Herrera—, pr. Noja, 30TVN4092, 770 m, herbazal de gramíneas con cierta pendiente y algo de *Pteridium aquilinum*, todo en orientación norte y substrato calcáreo, *Moreno Moral* MM0039/2018, 13-X-2018 (herb. Sánchez Pedraja); ibid., sobre fondo de dolina al E de Hoyo Redondo —macizo de Peña Herrera—, pr. Noja, 30TVN3992, 780 m, herbazal de gramíneas con cierta pendiente y algo de *Pteridium aquilinum*, todo en orientación norte y substrato calcáreo, *Moreno Moral*, 13-X-2018; ibid., sobre Hoyo la Trapa —entre Castrejón y Castroliva, macizo de Peña Herrera—, pr. Mirones, 30TVN4094, 625 m, bajo gramíneas con algo de *Pteridium aquilinum*, en fondo de dolina en vertiente algo pendiente orientada al norte, *Moreno Moral* MM0021/2019, 12-X-2019 (herb. Alejandre); ibid., Hoyarboso —al W de Macío Redondo, macizo de Peña Herrera—, pr. Mirones, 30TVN4094, 490 y 495 m, bajo gramíneas y *Pteridium aquilinum*, con lo que pasa fácilmente inadvertido, en ladera umbría con algo de pendiente bajo roquedo calcáreo que van colonizando los avellanos, 10 m sobre el fondo del hoyo, *Moreno Moral* MM0022/2019, 12-X-2019 (herb. Alejandre) —dos colonias muy pequeñas, a escasos metros una de otra; el topónimo Hoyarboso [Hoyaherbosa (sic)] aparece erróneamente intercambiado con el de Hoyo los Becerros en el mapa del Instituto Geográfico Nacional (IGN) y otros—; Selaya, la Garma, pr. Pisueña, 30TVN3982, 440 m, en un pequeño murete, *M.ª P. Fernández Areces & F. J. Pérez Carro*, VI-2021 (phot.); ibid., el Redondo —entre el Biguión y la Garma—, pr. Pisueña, 30TVN3982, 440 m, talud musgoso de camino en vertiente umbría, algo sombreado por retazo de bosquete de avellanos, hayas, abedules, acebos y robles, suelos silíceos, *Moreno Moral*, 16-X-2023 (phot.) —colonia muy reducida.

Traemos a colación la especie pues Flora iberica —cf. Castroviejo (1986: 83)— admite el siguiente margen altitudinal: 600-2300 m. La cita a altitud más baja de la que teníamos noticia es la del «valle de Tresllué (Cangas de Onís), roca silícea, en bosque, a unos 650 m» —cf. Argüelles & *al.* (1984: 4-5)—. Ahora bien, en los últimos años, nuestras prospecciones en el pequeño núcleo montañoso de Peña Herrera —entendido el topónimo globalizador en un sentido amplio, no tradicional, para abarcar, aparte del sector más elevado de este macizo kárstico [Peña las Enguizas (965 m), Peña los Lobos (934 m), Peña la Esquenta (976 m)], todos los relieves que amojonarían los lugares de Rubalcaba, Mirones, Merilla, Noja, La Pereda y La Quieva (estando casi todo el núcleo comprendido en el municipio de Miera)—, bastante desgajado ya, hacia el mar, de los más importantes relieves de los Montes de Pas, han dado como fruto el hallazgo de colonias de *Phegopteris* a cotas más modestas. Se les han unido las encontradas por Francisco Javier Pérez Carro y María Pilar Fernández Areces —a quienes mucho agradecemos su autorización para formalizar aquí las citas, de las cuales hemos tenido noticia a última hora cuando ya teníamos casi ultimado el borrador—, todavía más llamativas al constituir, de momento, el límite altitudinal inferior conocido para *Ph. connectilis* en el ámbito de la península ibérica. Es de advertir que las estaciones cántabras se ubican en el área de influencia del notable máximo pluviométrico de los Montes de Pas —cf. ROMERO LÉON & *al.* (2022)— y que la asturiana está situada en la base del masivo murallón constituido por la sierra del Cuera —cuyos 1000 m de altitud, por término medio, sin collados relevantes, quedan a escasos 7 km del mar—; esta no le va demasiado a la zaga a aquellos en términos de precipitación media anual —estamos hablando en todos los casos de totales anuales que, como mínimo, rondan los 2000 mm, ascendiendo a casi 3000, o incluso superándolos en algún caso, en las cumbres bien cercanas.

En el *Atlas de la Flora de los Pirineos* (Proyecto POCTEFA) el margen es: (470) 600-2300 (2420) m. Las estaciones situadas en los niveles inferiores pertenecen todas a la vertiente francesa y, contra lo que nos parecía lógico presumir, no están enclavadas en el sector de los Pirineos Atlánticos sino en el central: a 470 m en Urau (la localidad está a 460 m) y a 660 m en Fougaron (ubicado a 510 m) —ambos lugares en el Alto Garona, al sur de Salies-du-Salat—; a 500 m en Montels (a 430 m el pueblo) y a 520 m en Cadarcet (a 500 m) —en el Ariège, al sur de Auterive—. Emplazamientos todos enclavados en áreas de precipitaciones más bajas que en las cantábricas. Estos datos están incluidos en el mapa de distribución del atlas y proceden de observaciones de campo realizadas por J.-M. Savoie para la Office national des forêts en 1992; no existen en el herbario de Bagnères de Bigorre (BBF) pliegos de respaldo de dichas observaciones —Bruno Durand y Gérard Largier del Conservatoire botanique national des Pyrénées et de Midi-Pyrénées (*comm. pers.*, 29-XI-2021 y 27-XII-2021, respectivamente).

El 31-VII-2022 se prospectó en torno a la localidad de Urau —al sur de Salies-du-Salat (Haute-Garonne, Midi-Pyrénées)— para intentar dar con el helecho. Desde la carretera que une Urau con Urale se ascendió por el bosque —muy diverso, con carpes, fresnos, tilos, avellanos, robles, cerezos, castaños, hayas y tejos—, en calizas, hacia Carrère y Col de l'Espy, hasta unos 550 m. A partir de aquí, y un poco hacia el E, se buscó en lugares umbríos junto al arroyo de Hudiech, desde el pueblo hasta unos 600 m; volvimos a bajar por el seco cauce del arroyo, siempre en calizas. No se ha localizado esta especie, en una estación típica del piso colino; muy paulatinamente se va produciendo el ascenso hacia el montano. Aún más después de esta visita, la existencia de *Phegopteris connectilis* junto a Urau se nos antoja ciertamente problemática. Pensando en un hipotético error en la introducción de la información en las bases de datos que nutren al Atlas de la Flora de los Pirineos, dirigimos correo a Jean-Marie Savoie, el 1-IX-2022, pero no hemos recibido contestación.

En estos casos de colonias en el límite de sus posibilidades, nos parece especialmente recomendable la herborización de una mínima muestra —o, en su defecto, la realización del correspondiente reportaje fotográfico detallado— que, sin poner en peligro la población, sirva de testigo de cara al incierto futuro… En los aledaños de los Alpes, como en el caso de la Saboya, el helecho desciende aún más (hasta los 280 m) —cf. DELAHAYE (2007)—; más al norte, en las islas británicas, por ejemplo, el intervalo altitudinal contemplado en el *Online Atlas of the British and Irish Flora* de la Botanical Society of the British Isles es 0-1120 m.

*Davallia canariensis (L.) Sm.

ASTURIAS

> San Tirso de Abres, Vilelas, Pena do Encanto, 43°25'21,14"N 7°9'58,39"W, 200 m, en roquedo cuarcítico de no cómodo acceso, *Rodríguez Berdasco*, 14-III-2021 (phot.).

De tal reliquia se conocían no más de media docena de localidades asturianas —cf. AEDO & *al.* (1993: 351); CARLÓN & *al.* (2002: 90)—. Al hilo de la publicación de esta nueva, que no deja de destacar frente a las otras por su relativa altitud y alejamiento del mar, no está de más alertar sobre la población de Vegadeo recogida en AEDO & *al.* (*loc. cit.*): al estar justo al borde del casco urbano —en concreto, 43°28'10,36"N 7°3'17,94"W—, podría desaparecer en cualquier momento.

Juniperus communis subsp. alpina (Suter) Cĕlak.

CANTABRIA

Vega de Liébana, pr. Campollo, Sierro l'Aguañón —a escasos metros del camino hacia los Meilares—, 30TUN6675, 740 m, suelo pizarroso y despejado en ladera soleada, seca, entre ejemplares de *Juniperus oxycedrus* s. l., *Moreno Moral*, 10-I-2015 —en este sitio tan solo existe una mata, de hábito achaparrado, sus hojas están en disposición densa, son incurvas, mucronadas, cortas, con banda estomática ancha, sin flores ni frutos ahora; ya fue detectada años atrás [pr. Campollo, 30TUN6676, 730 m, suelos pizarrosos en ladera seca, soleada con *Juniperus oxycedrus, Thymus mastichina, Lavandula pedunculata, Quercus ilex...*, *Moreno Moral* MM0176/2000, 23-VI-2000 (herb. Sánchez Pedraja 09076)] y pervive en la actualidad (26-I-2022); se corrigen ahora levemente sus coordenadas y se aporta microtopónimo—; ibid., sobre Campollo —muy cerca del camino que sube hacia Majada Nueva—, 30TUN6475, 965 m, claros de escobal de *Genista florida* y brezal de *Calluna vulgaris* entre los que hay ejemplares de *Juniperus oxycedrus*, s. l., *Moreno Moral*, 8-III-2015 —se han visto en total 3 matitas no muy separadas; una ya se había observado en la excursión del 10 de enero (recolección MM0005/2005).

En *ANTHOS* [consulta: 4-XI-2023] queda recogida la siguiente localidad: «Enterrías, Vega de Liébana, 30TUN6373, 700 m., talud pizarra, rebollos, s.f., C. Aedo —Aedo, C. (2003). Observaciones sobre la flora cantábrica. Memoria inédita. Madrid—». Se han originado argayos a partir de 2007 y efectuado obras de contención de taludes con posterioridad a 2014 en dos pequeños tramos sobre la carretera. a San Glorio, debajo mismo de Enterrías, a 700 m. Bien pudo ser en este punto donde Carlos Aedo —quien no dio en su base de datos de observaciones [*comm. pers.*, 26-XII-2021] con otra información que precisara más su cita— habría localizado el/los ejemplares; ello quizás se produjera hacia finales de la década de 1980, pero este extremo no ha podido ser confirmado. Se ha buscado con insistencia en torno a Enterrías, los días 25 y 26-I-2022, sin éxito; cabe la posibilidad de que los desprendimientos o el reforzamiento de taludes dieran al traste con el enebro aquí.

Estos sufridos ejemplares han conseguido establecerse en cotas llamativamente bajas en el centro de Liébana, donde el clima es no poco seco para los estándares cantábricos; en lugares cuya pluviometría media anual a duras penas sobrepasa los 750 mm, cubiertos por la nieve solo de vez en cuando y por poco tiempo. El enebro rastrero abunda, claro está, bastante más arriba, en todo el cerco montañoso que rodea por completo el notable enclave lebaniego. FLORA IBERICA —cf. AMARAL FRANCO (1986: 183)— le atribuye el siguiente intervalo altitudinal: 1000-2100 (3000) m. El *Atlas de la Flora de los Pirineos* (Proyecto POCTEFA) lo amplía levemente por ambos extremos: (925) 1200-2900 (3080) m.

Ranunculus cantabricus Dunkel

ASTURIAS

Cabrales, collado de Cambureru, en su caída al valle del Agua, 43°12′31,86″N 4°48′1,24″W, 2035 m, cervunal sobre pizarras, *Moreno Moral & Rodríguez Berdasco*, 14-VII-2019 (JBAG-Laínz 22208); Somiedo, entre el Muñón y los contrafuertes occidentales de la sierra Ḷḷagüezos, 43°2′49,90″N 6°11′23,86″W, 1753 m, pastizal majadeado, sobre suelos descalcificados, *Rodríguez Berdasco*, 6-VI-2021 (JBAG-Laínz 22215).

Microespecie recién descrita del puerto de Leitariegos —cf. DUNKEL (2021: 20)—, y a la cual ha de llevarse, según el descriptor, lo que se venía citando de la Cordillera como *Ranunculus alnetorum* W. Koch. Desde luego, no es lo único asturiano del agregado *Auricomus*, si bien con este enrevesado grupo, principalmente apomíctico amén de poliploide, y en el seno del cual se han descrito centenares de táxones, poco apetece vérselas.

Spergula rimarum J. Gay & Durieu ex Lacaita

ASTURIAS

Somiedo, Santa María del Puerto, entre Peña Prieta y el Alto de las Tres Cruces, 43°1′15,44″N 6°15′21,12″W, 1750 m, *Rodríguez Berdasco*, 14-IX-2012 (JBAG-Laínz 19010); ibid., en un pequeño roquedo cuarcítico por encima de la Veiga Cimera, 43°02′09,30″N 6°25′61,81″W, 1740 m, *Rodríguez Berdasco*, 14-IX-2012; ibid., ladera oriental del pico Fontarente, 43°2′15,60″N 6°18′0,27″W, 1895 m, roquedo de cuarcitas, *Rodríguez Berdasco*, 17-VIII-2019 (JBAG-Laínz 22211).

*LEÓN

Sena de Luna, valle de Cacabillos, 42°56′40,81″N 5°51′21,92″W, 1435 m, roquedo cuarcítico, *Rodríguez Berdasco*, 7-VIII-2019 (JBAG-Laínz 22212); Villamanín, Casares de Arbas, 42°55′3,73″N 5°45′11,01″W, 1565 m, roquedos cuarcíticos por debajo del Cueto Burero, *Rodríguez Berdasco*, 1-IX-2019 (JBAG-Laínz 22213); ibid., el Peñón, 42°54′48″N 5°37′24,48″W, 1770 m, cuarcitas, *Rodríguez Berdasco*,

Spergula rimarum J. Gay & Durieu ex Lacaita [Sena de Luna, valle de Cacabillos, 7-VIII-2019]

Spergula viscosa Lag. [Aller, L'Estorbín, 23-VII-2017]

20-X-2012 (JBAG-Laínz 19011); La Pola de Gordón, Geras, 42°54'46,97"N 5°44'30,09"W, 1760 m, cuarcitas, *Rodríguez Berdasco*, 25-VIII-2012 (JBAG-Laínz 19013); Vegacervera, Villar del Puerto, 42°53'43,33"N 5°35'52,44"W, 1315 m, roquedo de cuarcitas, *Rodríguez Berdasco*, 15-VIII-2019 (JBAG-Laínz 22214).

Endemismo muy afín en lo morfológico a *Spergula viscosa* Lag., a la que algunos lo han subordinado o sinonimizado, si bien aquí preferimos seguir el criterio de sus descubridores, luego reforzado por PUENTE GARCÍA & *al.* (1995). Aunque con la adición de estas localidades leonesas, las más orientales conocidas, las áreas de distribución de ambos táxones pasan a superponerse ligeramente, los caracteres diagnósticos seminales siguen siendo muy nítidos, sin medias tintas —cf. LAÍNZ (1970: 15), así como nuestra figura 2—. En lo ecológico, aunque las dos son silicícolas empedernidas, nos extrañaría encontrarlas en estrecha convivencia, siendo así que el hábitat de *S. viscosa* en su localidad clásica, como podemos afirmar al cabo de los años tras haber acumulado no poca experiencia de campo, no es ni mucho menos tan atípico como afirmó LAÍNZ (*loc. cit., in adnot.*) al caracterizarlo con tanto detalle edafológico; de modo que el restrictivo *rimarum*, después de todo, no nos parece tan poco «feliz» como a él: según se explicita con no pocos ni poco expresivos detalles en el propio protólogo, la planta a la que se le asignó medra siempre en fisuras de rocas metamórficas, ya sean cuarcitas en su área más oriental —sobre todo en las masivas, pero también en las cementadas en pudingas, o en las brechas recoletas de la localidad clásica de la Pena del Miro—, o esquistos y gneises en la más occidental —Ancares, Trevinca y Segundera—. *S. viscosa*, en contraste no poco acusado, lo hace sobre rocas gelifractadas, sedimentarias —areniscas, carbones y lutitas— o, a lo sumo, con bajo grado de metamorfismo —pizarras—, y su área se extiende más al este, entre el puerto de Payares y el imponente Curavacas —en el macizo de Fuentes Carrionas aparece, muy localizada, entre los clastos de rocas de este tipo que se desprenden de los conglomerados westfalienses, pero nunca entre los cantos cuarcíticos que predominan en dichos conglomerados, y menos aún cuando siguen cementados en la roca.

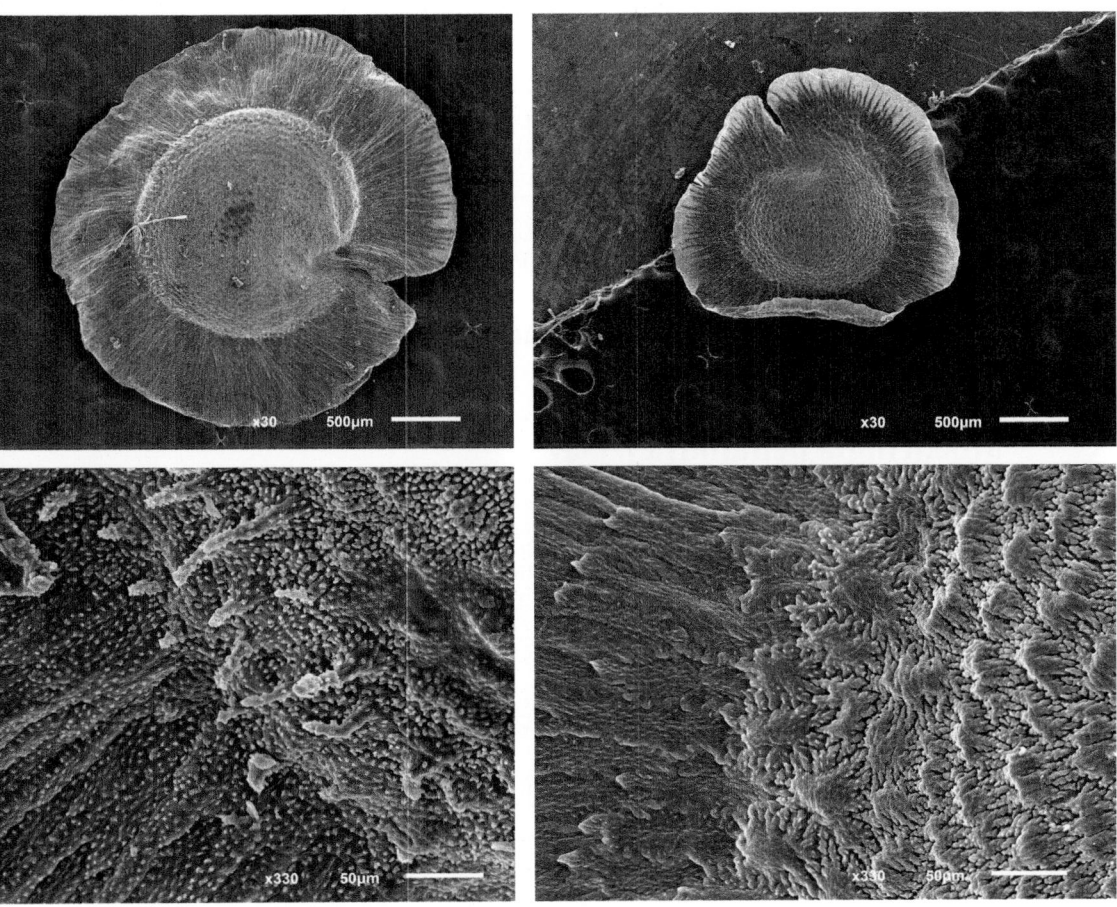

Figura 2. Aspecto general y detalle del margen del disco de las semillas de *Spergula viscosa* [Vegará, Aller (Asturias), JBAG-Laínz 22279, izquierda] y *S. rimarum* [El Miro, Cangas del Narcea (Asturias), *loc. class.*, JBAG-Laínz 22278, derecha]. Aparte de la muy obvia del tamaño, se observan sustanciales diferencias en la ornamentación de la testa, incluidas las «finas papilas» ya señaladas como diagnósticas por Laínz (1970: 15, *in adnot.*). Nos abstendremos de ahondar en especulaciones acerca de si estos rasgos, que bien podrían afectar a la movilidad por el aire y a la adherencia al sustrato de las semillas, deben interpretarse en clave adaptativa como respuestas a la divergencia ecológica entre ambas especies —glareícola y rupícola, respectivamente— o bien son un resultado fortuito de la acumulación de diferencias neutras esperable en linajes gestados en virtual aislamiento (cuando menos, geográfico).

Corrigiola litoralis L. subsp. litoralis

CANTABRIA

Las Rozas de Valdearroyo, Ladrero, pr. Arroyo, 30TVN1359, 840 m, suelos arenosos en el borde del embalse del Ebro, *Moreno Moral* MM0036/2014, 19-IX-2014 (herb. Sánchez Pedraja).

Publicada como novedad para la provincia de Burgos de lugar muy cercano —AEDO & *al.* (2001[=2002]: 13)— y con idéntico hábitat, esta novedad cántabra es de alcance meramente político.

Moehringia pentandra J. Gay

ASTURIAS

Cangas del Narcea, pr. Xedré, hacia la Pena de Xalón, 42°59'46,26"N 6°35'16,35"W, 775 m, en repisas de pizarras, *Rodríguez Berdasco*, 7-VII-2019 (JBAG-Laínz 22182); ibid. 42°59'59,31"N 6°35'36,30"W, 725 m, en repisas de calizas meta-morfizadas, *Rodríguez Berdasco*, 7-VII-2019 (phot.).

Segunda cita para Asturias —cf. CARLÓN & *al.* (2014: 20-21)—, nada sorprendente en ese sitio.

Silene nocturna L.

ASTURIAS

Lena, pr. Malveo, 43°6'17,83"N 5°48'28,82"W, 460 m, herbazal de terófitos sobre arcillas de descalcificación, en una ladera caldeada, *Rodríguez Berdasco*, 13-VIII-2014.

LEÓN

Entre Yugueros y Cistierna, 42°48'23,03"N 5°9'1,33"W, 1115 m, sobre arcillas de descalcificación, *Rodríguez Berdasco*, 21-V-2017 (JBAG-Laínz 22188); Puente Almuhey, Carrizal, 42°46'52,45"N 4°59'26,39"W, 1010 m, repisas de cantil calcáreo, sobre arcillas de descalcificación, *Rodríguez Berdasco,* 21-V-2107 (phot.).

Para Asturias no hemos encontrado ninguna cita concreta, pero hay en el herbario de la Universidad de Oviedo (FCO 24324!, ut var. *brachypetala*) un pliego de Peñaflor (Grado), de colector tan solvente como Juan José Lastra y cuya determinación no podemos sino confirmar. Últimamente también hemos visto la especie naturalizada en varios sitios del casco urbano de Oviedo; vivía, por ejemplo, en fisuras del recién demolido viaducto que cruzaba la autopista A-66 a la altura del Palacio de los Deportes de la ciudad. De la provincia de León tan solo se conocía del extremo suroccidental —cf. González de Paz (2012: 251).

Heliosperma pusillum (Waldst. & Kit.) Rchb.

ASTURIAS

> Cabrales, pr. Sotres, canalizo al W del Pozu las Moñetas —valle las Moñetas, los Urrieles, Picos de Europa, 30TUN5483, 1830 m, pasto muy fresco en la umbría, sobre suelos calizos con humedad a pie de cantil, en el fondo de este canalizo de orientación general N-NE que la nieve debe de ocupar durante periodos prolongados, *Moreno Moral & Rodríguez Berdasco*, 27-IX-2015 (phot.).

A esas alturas de la temporada tan solo se detectó un ejemplar, en flor. Es lógico pensar que exista una colonia en este concreto punto, pero, en todo caso, no será muy nutrida pues la porción de hábitat útil es muy reducida; cuando se compruebe el estado real de la población será el momento de plantearse la recolección de una pequeña muestra. De los Picos de Europa tan solo preexiste la cita de Nava (1985: 1), y fuera de ellos, en el ámbito cantábrico, únicamente se la conoce del macizo de Ubiña —cf. Díaz González & *al.* (1980: 102, sub *Silene quadridentata*); Carlón & *al.* (2010: 18).

Atocion rupestre (L.) Oxelman

Escamados tras tantos años sin dar con la planta en Asturias, decidimos por fin descartar alguna posible confusión y revisamos —por gentileza de su conservador, Francisco Javier Salgueiro, que nos envió una fotografía— el pliego SEV 219298 [«Pajares (Asturias) 14-VII-1892, *A. E. Lomax*»], base única de la asimismo única mención de la especie como asturiana, hecha en sitio tan visible como *Flora iberica* —cf. Talavera (1990: 382, sub *Silene rupestris*)—. Al corresponder el material, en efecto, a la especie, es preciso asumir la acaso ignominiosa realidad de que a un visitante inglés le bastaron unos pocos días de prospecciones para dar con algo invisible para el resto de quienes hemos trabajado en esa zona, no poco explorada. Quedaría, por toda alternativa, la antideportiva invocación a un oportuno trueque de etiquetas o a una no menos conveniente extinción local, subterfugios gratuitos por demás en planta que no deja de ser cantábrica —cf. Losa España & Montserrat (1953: 127); Laínz (1970: 13)— y en comarca que en los últimos años ha conocido otros hallazgos inesperados de plantas boreoalpinas de significado biogeográfico análogo, entre ellas el destacado *Empetrum nigrum* L. —cf. del Egido & *al.* (2012a: 21).

En cuanto a la omisión de Pau (1893), otro de los fundamentos de nuestras hoy disipadas sospechas, será este con certeza uno de los casos aludidos por el de Segorbe en el siguiente pasaje, introductorio: «si de algunas nada digo, débese á la falta de abundantes muestras, que impiden dar con certeza el nombre específico». El ejemplar es, en efecto, menudo, con solo dos flores y en no muy buen estado, aun cuando la pequeñez de los cálices y los hoy fáciles cotejos con abundantes materiales auténticos, incluido el tipo linneano, lo confirman como de *A. rupestre*. La etiqueta, que Gonzalo Mateo —cf. Mateo (1996)— nos ratifica como manuscrita por Pau, viene a hablarnos de vacilaciones en la tachadura del único binomen escrito, «*Silene rupicola* Lag. (W.)»», cuya autoría sugiere una alusión errónea —debida a un por otra parte comprensible *quid pro quo*, cf. López González (1995: 222)— al inédito «*Silene saxicola*», citado por Willkomm (1878: 641) como uno de los manuscritos por Lagasca al etiquetar materiales conservados en MA de la planta que hoy llamamos, como consecuencia de la publicación válida que sí hizo de uno y solo uno de ellos —cf. Laínz (1961: 152s)—, *Petrocoptis glaucifolia* (Lag.) Boiss.; planta cuyo *ipsissimus locus classicus* —cf. Laínz (1980)— está a un paso de la localidad de Lomax, y en la cual es por consiguiente natural que pensase en un principio Pau al vérselas con esa mala muestra de una cariofilácea de aspecto casmofítico.

En suma, *Atocion rupestre* figura con todo fundamento en el catálogo asturiano de Fernández Prieto & *al.* (2014: 55), y nos toca redoblar los esfuerzos para confirmar si, al cabo de más de 130 años, aguanta el tipo como la *Huperzia* de Picu Janu (página 25) y sigue viviendo dentro de los confines del Principado.

Fumana procumbens (Dunal) Gren. & Godron

ASTURIAS

Lena, entre Malveo y Campomanes, 43°6'23,82"N 5°48'38,2"W, 550 m, en un pequeño afloramiento de pizarras descarnadas rodeado por un gran afloramiento calcáreo, *Rodríguez Berdasco*, 16-V-2013 (JBAG-Laínz 20311); Tineo, entre Tourayo y Espinareo, 43°14'58,95"N 6°21'7,84"W, 450 m, litosuelos calcáreos, conviviendo con *Fumana ericifolia* Wallr., *Rodríguez Berdasco*, 23-V-2021 (JBAG-Laínz 22167).

Planta que, por razones climáticas, ha de ser rara en Asturias. Sólo se la conocía de Somiedo —cf. MAYOR & FERNÁNDEZ BENITO (1995: 208).

Populus tremula L.

ASTURIAS

Aller, puerto de San Isidro, 43°3'5,50"N 5°23'52,08"W, 1750 m, circo glaciar del Toneo, en una repisa de un cantil cuarcítico orientado al norte, *Rodríguez Berdasco*, 18-VIII-2014 (phot.).

Algo así como una docena de pequeños ejemplares —alguno puede que bastante vetusto— apretujados en esa repisa. Las condiciones del lugar son más bien extremas. Véase lo dicho en CARLÓN & *al.* (2010: 12).

*Salix aurita L.

LEÓN

Boca de Huérgano, macizo de Fuentes Carrionas, en una vaguada higroturbosa justo al este de la laguna de Joyu Empedráu, 43°1'21,88"N 4°44'58,76"W, 2080 m, *Rodríguez Berdasco*, 14-VIII-2022 (JBAG-Laínz 22175).

Para León tan solo se conocía de Sajambre y Valdeón —cf. AEDO & *al.* (1993: 352); ALONSO FELPETE & *al.* (2011: 220); DEL EGIDO & *al.* (2012b: 212)—, en los confines meridionales de los Picos de Europa, donde parece tener, por ahora, su límite occidental de dispersión.

En nuestra localidad tan solo encontramos un ejemplar achaparrado y algo despuntado por el ramoneo de las vacas, si bien inconfundible. No es el único sauce existente en esas alturas: en el desagüe de la laguna y su entorno, a unos 2000 m, están presentes también *Salix atrocinerea, S. cantabrica, S. purpurea, S. salviifolia* y *S. triandra*, más algún que otro mesto.

Aunque todavía no hemos dado con la especie en Asturias, ni mucho menos descartamos su presencia en algún paraje húmedo y silíceo de Ponga. Pero sí negamos que viva en el collado Señín (Amieva) —cf. ALONSO FELPETE & *al.* (*loc. cit.*)—: el testigo de herbario de dicha indicación corresponde a un ejemplar de *Salix atrocinerea*: pelitos rojos en el envés de las hojas, etc.

Salix bicolor Willd.

ASTURIAS

Aller, Rubayer, en un arroyo por encima de la majada l'Arrañaeru, 43°1'35,38"N 5°32'44,44"W, 1600 m, *Rodríguez Berdasco*, 13-VII-2014 (JBAG-Laínz 20364); ibid., Santibanes de Murias, alrededores de la majada Cuaña, 43°3'13,15"N 5°39'14,66"W, 1635 m, bordeando un arroyo, *Rodríguez Berdasco*, 25-VII-2017 (JBAG-Laínz 22258); ibid., majada de Valverde, 43°2'38,21"N 5°38'32,65"W, 1765 m, *Rodríguez Berdasco*, 21-VIII-2020 (phot.); Lena, umbría del Cuitu Nigru, 42°58'12,32"N 5°47'28,36"W, 1745 m, *Rodríguez Berdasco*, 10-VI-2017 (JBAG-Laínz 22256); Somiedo, cara norte del Fontanón, 43°2'9,36"N 6°17'36,80"W, 1720 m, en un arroyuelo naciente, *Rodríguez Berdasco*, 17-VIII-2020 (JBAG-Laínz 22255); Caso, a los pies de la Rapaína, 43°5'16,24"N 5°19'53,40"W, 1640 m, en paraje turboso sobre cuarcitas, *Rodríguez Berdasco*, 5-VIII-2023 (JBAG-Laínz 22271).

LEÓN

Sena de Luna, Caldas de Luna, cabecera del arroyo del Bildeo, 42°57'37,93"N 5°48'46,18"W, 1610 m, ladera turbosa, *Rodríguez Berdasco*, 4-IX-2022 (JBAG-Laínz 22251).

Sauce llamativo incluso desde lejos, más cuando el viento permite percibir con una sola ojeada el contraste entre el haz de color verde brillante y el envés glauco-grisáceo de sus hojas, glabras o casi por ambas caras.

El primero en señalarlo en la cordillera cantábrica fue LAÍNZ (1961: 151-152; 1962: 6), aunque más tarde (1970: 10) se retractase y refiere sus citas previas a la polimorfa y por entonces ya descrita *Salix cantabrica* Rech. f. Los frecuentes híbridos entre ambos sauces (*Salix ×vazquezii*, cf. FERNÁNDEZ PRIETO [2014: 297]) bien pudieron estar en la base del despiste. No menos confusos resultan a veces los cruces de *S. bicolor* con

S. atrocinerea Brot., especie esta última que, incluso cuando se presenta pura, sin indicios obvios de hibridación, adopta a veces formas orófilas desconcertantes: en medios higroturbosos del piso subalpino de la Cordillera, por ejemplo, no son raros los ejemplares raquíticos y muy poco indumentados.

Por supuesto, aparte de estas localidades que apuntalan o complementan las de Laínz, no nos olvidamos de la presencia de *Salix bicolor* en las estribaciones silíceas de los Picos de Europa —cf. Alonso Felpete & *al.* (2011: 220); del Egido & *al.* (2012b: 212)—, ni tampoco de la cita somedana recogida en la página 119 de la tesis doctoral de Pilar Álvarez-Uría (*Estructura y regeneración del abedular en su límite superior en la Cordillera Cantábrica*. Universidad de Oviedo, 2000). De la alta montaña silícea de la Cantabria occidental, tanto la que cierra Liébana por el sur (Riofrío, Peña Prieta) como Campoo por el norte (Cuetu Iján), hay en MA pliegos de colector tan fiable como Carlos Aedo.

Salix cantabrica Rech. f.

ASTURIAS

Cabrales, pr. Sotres, Pozu las Moñetas —valle las Moñetas, los Urrieles, Picos de Europa 30TUN5483, 1715 m, borde de lagunilla, *Moreno Moral* MM0088/2015 & *Rodríguez Berdasco*, 27-IX-2015 (herb. Sánchez Pedraja).

En las orillas del Pozu solo hay un raquítico ejemplar de sauce, al borde mismo de la laguna. Se tomaron dos reducidas muestras de la misma ramilla; las hojas de una, más indumentadas, corresponden a un ápice emergente en ese momento; el otro trocito permanecía completamente sumergido y las hojas estaban más depiladas. En nuestra opinión, este ejemplar queda dentro de la variabilidad de *Salix cantabrica*.

La única especie de *Salix* citada de ese lugar por Alonso Felpete & *al.* (2011: 221) es *S. hastatella* subsp. *picoeuropeana* (M. Laínz) Rivas Mart., T. E. Díaz, Fern. Prieto & H. Nava: «ASTURIAS (O): Pozo de las Moñetas, JBAG 2920!», aunque entendemos —hasta donde permite afirmarlo la por fuerza diminuta muestra, estéril— que la cita corresponde a nuestro mismo y depauperado pie de sauce.

Sisymbrium runcinatum Lag. ex DC.

LEÓN

Valderrey, Barrientos, 42°25'5,37''N 5°57'41,96''W, 830 m, suelos secos y margosos en paraje con abundantes cárcavas, *Rodríguez Berdasco*, 8-v-2022 (JBAG-Laínz 22174).

Para tal provincia solo conocíamos la localidad señalada por DEL EGIDO & *al.* (2005: 168).

Rorippa islandica (Oeder ex Gunnerus) Borbás

LEÓN

Sena de Luna, embalse de Los Barrios de Luna, 42°54'25,88''N 5°56'48,73''W, 1100 m, prados de diente temporalmente anegados, *Rodríguez Berdasco*, 4-IX-2018 (JBAG-Laínz 22233); Villamanín, cola occidental del embalse de Casares de Arbas, 42°55'28,83''N 5° 47'39,30''W, 1290 m, en fangos, *Rodríguez Berdasco*, 18-XI-2018 (JBAG-Laínz 22228); Fabero, Santa Marina del Sil, cola del embalse de Bárcena, 42°39'30,34''N 6°30'42,72''W, 605 m, sobre fangos, *Rodríguez Berdasco*, 6-XII-2018 (JBAG-Laínz 22190).

Rorippa palustris (L.) Besser

ASTURIAS

Lena, Tuíza Riba, macizo de Ubiña, el Ḷḷeturbiu, 43°2'30,23''N 5°55'29,08''W, 1845 m, abundante por la orilla de la laguna, *Rodríguez Berdasco*, 2-IX-2018 (JBAG-Laínz 20355 et 22230); Quirós, pr. Ḷḷindes, macizo de Ubiña, el Ḷḷegu, 43°3'8,79''N 5°55'9,04''W, 1545 m, *Rodríguez Berdasco*, 2-IX-2018 (JBAG-Laínz 22231); Somiedo, lago Cerveiriz, 43°3'1''N 6°6'58''W, 1645 m, *Rodríguez Berdasco*, 8-IX-2018; ibid., lago de la Calabazosa, 43°2'43''N 6°6'9''W, 1635 m, *Rodríguez Berdasco*, 8-IX-2018 (JBAG-Laínz 22227); ibid., lago de la Cueva, 43°3'10''N 6°6'7''W, 1575 m, *Rodríguez Berdasco*, 8-IX-2018.

ASTURIAS-LUGO

Ibias-A Fonsagrada, embalse de Salime, entre Ridiporcos y Arexo, 43°4'41''N 5°46'50''W, 225 m, *Rodríguez Berdasco*, 25-XI-2018 (JBAG-Laínz 20534) et 30-X-2021 (JBAG-Laínz 22229).

LEÓN

La Pola de Gordón, macizo del Llamargones, Pozos de la Vega del Palomar, 42°52'7,56''N 5°47'52,56''W, 1765 m, en una charca que se seca en verano,

Rodríguez Berdasco, 25-VIII-2018 (phot.); Carrocera, macizo del Llamargones, Vega del Palomar, 42°51'43,42"N 5°47'24,95"W, 1670 m, en una charca minúscula que se seca en verano, *Rodríguez Berdasco*, 25-VIII-2018; ibid., cola del embalse de Selga de Ordás, 42°45'50,28"N 5°46'50"W, 965 m, 4-XI-2018 (JBAG-Laínz 22232).

Especie la primera que, en nuestra Cordillera, se ha venido considerando confinada en los Picos de Europa —cf. Aedo & *al.* (1998 [=1999]: 253); del Egido & *al.* (2012b: 211)—, si bien del macizo de Ubiña había ya una cita de Peinado Lorca & Martínez Parras (1982: 533) —de localidad leonesa, por cierto, pues por mucho que los terrenos de la llamada Casa Mieres le fuesen comprados en subasta pública a la Fundación Sierra Pambley en el año 1926 y sean propiedad catastral del concejo homónimo asturiano, desde el punto de vista administrativo, como bien reflejan todos los mapas, son territorio leonés: sobre los avatares históricos de este paraje, léase a Antolín Álvarez & Prieto Sarro (2017: 37-51).

Rorippa islandica y *R. palustris* son dos especies morfológicamente muy afines, confundidas entre sí con mucha frecuencia. Cabría acaso preguntarse si todas esas sutilezas diagnósticas no son sino el trasunto de una deficiente o incluso nula diferenciación biológica, lo cual impondría, de confirmarse, síntesis más o menos drásticas. En el distinto nivel de ploidía —*R. islandica* sería diploide, y tetraploide la *R. palustris*— podría verse, sí, base para admitir dos conjuntos reproductivos aislados, que han acumulado y siguen acumulando diferencias. Mas no faltan en el género especies (*R. amphibia*, *R. sylvestris*, *R. thracica*, *R. indica*, etc.) cuya unidad no se cuestiona a pesar de acoger varios niveles de ploidía, presumiblemente por mera autopoliploidía. Son las comparaciones de secuencias de ADN cloroplástico —cf. Bleeker & *al.* (2002)— las que finalmente parecen haber venido en auxilio del reconocimiento de dos especies autónomas, al compartir *R. islandica* clado con dos diploides norteamericanos (*R. curvipes* y *R. sinuata*) y con otro diploide europeo, en concreto la especie a la cual tales autores se empecinan en seguir llamando *Rorippa pyrenaica* (Lam.) Rchb. —cf. López González (1986: 320; 1994: 98-102)—, mientras que *R. palustris* estaría muy relacionada —una escasa divergencia molecular compatible con diferenciaciones recientes en comparación con la independización de las especies diploides, cuyas secuencias son más distintas entre sí al haber trascurrido más tiempo desde que vivió su antepasado común— con otros poliploides europeos como *R. sylvestris, R. amphibia* y *R. brachycarpa*, amén de con varios otros táxones asiáticos y hasta de Oceanía.

Corroborada de este modo la realidad biológica de ambas especies —hasta donde lo permite la comparación de unas pocas secuencias del cloroplasto entre unas pocas accesiones de identidad taxonómica siempre incierta, sobre todo al faltar representación no solo de amplios sectores de la extensa área de *R. palustris* [cf. Jonsell (1968: 82); Al-Shehbaz (2010: 502)] sino, sobre todo, de las *terrae classicae* de los táxones en liza, cf. Carlón & *al.* (2014: 60)—, llegó para nosotros el momento de buscar diferencias morfológicas operativas en el campo con las que se faciliten ulteriores avances en el conocimiento de la distribución regional y la ecología de cada una. En los párrafos siguientes se exponen el resultado de dicha búsqueda y el estado actual de tales avances.

Pero antes de abandonar el trabajo filogenético de Bleeker & *al.* (*op. cit.*), convendrá poner en solfa el vínculo por ellos establecido entre las especies diploides del clado de *R. islandica* y las altitudes elevadas, por oposición a la *R. palustris* y los otros poliploides, que habitarían las tierras bajas. **Rorippa stylosa** (Pers.) Mansf. & Rothm., en particular, poco tiene de orófila: en Asturias, por ejemplo —donde no es mucha la información corológica publicada sobre su distribución, cf. Aedo & *al.* (1994: 71); Lastra & Mayor (1997: 153)—, abunda en áreas bajas del concejo de Ibias, concretamente por la zona de Sena, A Barca (JBAG-Laínz 18611), etc.; por allí —en sitios nunca muy secos, pero tampoco demasiado umbrosos— se deja caer por los prados ribereños del río Navia hasta altitudes de unos 300 m, una situación esencialmente idéntica a la que podría describirse para Portugal, para Galicia y para Cantabria, donde la hemos visto descender hasta los 370 m en la cuenca del Besaya [cercanías de Uldá (Molledo)]. En Norteamerica, por su parte, las diploides *Rorippa curvipes* y *R. sinuata* se han señalado en ambientes muy diversos, y parecen bajar sin problemas hasta la mismísima costa del Pacífico —cf. Al-Shebaz (*loc. cit.*)—, mientras que la especie del género más montaraz —¡hasta los 4000 m (no se concretan lugares, pero habrá de ser en algún complejo lacustre de las Rocosas, en el límite de las nieves perpetuas)!— sería la tetraploide y presuntamente pedina *R. palustris*. Tampoco en China —cf. Taiyan & *al.* (2001: 151)— parece cumplirse esa correlación inversa entre altitud y nivel de ploidía, variables cuyas relaciones son cualquier cosa menos simples —cf. KÜPFER (1981: 333-335)—. Ni siquiera se cumple —al menos en el caso de los autopoliploides, cf. SPOELHOF & al. (2017: 343-344)— la más genérica predicción de que los poliploides —en principio capaces, por ejemplo, de sobrellevar mejor la endogamia y hasta de formar estirpes asexuales duraderas al estar, en un remedo del modelo de seguridad aérea del queso suizo, protegidos de la erosión mutacional por sus copias alélicas supernumerarias— tengan nichos más amplios y sean capaces de colonizar más rápidamente áreas despejadas como las recientemente deglaciadas —cf. PARISOD & al. (2010: 15-17)—. JONSELL (*op. cit.*: 86, 104), en el caso concreto de algunas especies de *Rorippa*, también aporta información esclarecedora a este respecto. Los resultados de la filogenia de BLEEKER & al. (*op. cit.*) son, en todo caso, difícilmente compatibles —no siendo a través de un fenómeno de Reparto Incompleto de Linajes (Incomplete Lineage Sorting) no detectado por insuficiencia del muestreo— con la hipótesis contemplada por el propio JONSELL (*op. cit.*: 55, 85) de que *R. palustris* es un alopoliploide entre cuyos progenitores diploides se encontraba la propia *R. islandica*.

Detengamos ahora, por fin, estas digresiones preliminares y centrémonos en nuestros propósitos declarados, empezando por la diagnosis morfológica. La cual, sobre todo cuando se trata de formas orófilas reductas y se pretende fundamentar en un único carácter, es delicada, máxime si uno no se ha familiarizado con ambas especies y su variabilidad en el campo. Pasemos a exponer y aquilatar los no pocos caracteres diagnósticos propuestos hasta ahora —cf., v. gr., MARTÍNEZ LABORDE (1993: 107); CHATER & RICH (1995); JAUZEIN (2014: 1038-1040); TISON & DE FOUCAULT (2014: 599):

a) Empecemos por el hábito, procumbente o ascendente en *R. islandica* frente a erecto en *R. palustris*. Es, cierto, bastante diagnóstico, pero no infalible. En ocasiones, y como se puede ver en el Llagu Cimeru (Picos de Europa), los ejemplares de *R. islandica* que crecen en el centro de la laguna se yerguen por completo hasta emerger de la somera lámina de agua, fenómeno en toda hipótesis excepcional y acaso causado, siquiera parcialmente, por lo sombrío del fondo de esa dolina. En el Pozo de Ándara, los ejemplares más robustos alcanzan los 30 cm y se ven entre los densos céspedes ribereños de ciperáceas, pero siempre presentan los tallos ascendentes y algo curvados. En la Casa Mieres, en zonas de la presa algo sombrías e inaccesibles al ganado, se pueden ver los ejemplares más robustos de *R. islandica* de todo nuestro ámbito —nada diversos a los que se pueden ver en su *terra classica*—, todos con hábito acostado. En cuanto a *R. palustris*, siempre hemos visto tallos erectos o suberectos salvo en las poblaciones de alta montaña; por ejemplo, en las lagunas de la vertiente asturiana del macizo de Ubiña, y aunque predominan los ejemplares de porte erecto, no son pocos los postrados. Lo mismo sucede en el somedano lago de la Mina, donde la planta abunda y donde, a pesar del pertinaz ramoneo de las vacas, algunos pies no dejan de erguirse de manera muy visible. Los pocos ejemplares vistos en el lago Cerveiriz, sin embargo, eran más bien acostados.

b) Otro de los carácteres invocados reside en las hojas caulinas, auriculadas con nitidez en *R. palustris* y solo en ella. Tal cosa es evidentísima, por ejemplo, en el embalse de Salime, pero las aurículas pueden faltar en no pocos ejemplares depauperados de los lagos de Saliencia y de la parte asturiana del macizo de Ubiña. En la *R. islandica*, ciertamente, faltan siempre, incluso en los ejemplares más robustos.

c) Tampoco las diferencias en el tamaño de pétalos y sépalos son definitorias del todo —cf. CHATER & RICH (*op. cit.*: 232)—: es de nuevo en la vertiente asturiana del macizo de Ubiña donde plantas que por otras vías referimos a *R. palustris* tienen piezas florales cuya pequeñez, frente a muchas claves, nos haría decantarnos por *R. islandica*. En Somiedo, en este caso, incluso las plantas reductas tienen flores de tamaño compatible con el concepto general de *R. palustris*.

d) Llegados a la longitud de los pedicelos con respecto a la de los frutos, estamos en las mismas: en ciertas formas altícolas —macizo de Ubiña, Vega del Palomar, etc.— de plantas por lo demás referibles a *R. palustris*, el cuerpo del fruto puede ser más de dos y hasta tres veces más largo que el pedicelo. A la inversa, en la colonia de la Vega de Liordes, donde predominan ejemplares canónicos de *R. islandica*, alguno se ve con silículas menos del doble de largas que los pedicelos correspondientes.

e) Para CHATER & RICH (*loc. cit.*), *R. islandica* también se distinguiría porque su inflorescencia es más densa y tiende a lo unilateral —esto último resulta de la propensión de los pedicelos de uno de los lados del eje de la infrutescencia a replegarse conforme avanza la maduración de los frutos, hasta alinearlos con los del otro lado—: solo el segundo rasgo nos ha parecido bastante constante en *R. islandica*, si bien su utilidad diagnóstica se ve reducida al presentarse también, de vez en cuando, en plantas a las cuales, ponderado todo el resto de caracteres, asignamos sin vacilar el binomen *R. palustris*.

f) Ya más operativa y nítida nos parece la diferencia en la forma de los frutos, de perfil más o menos anchamente ovado en *R. islandica*, por estrechamente elípticos o subovoideos en nuestra *R. palustris* (la especie linneana parece ser, según colegimos de la bibliografía, variable desde el punto de vista carpológico, lo cual nos hace plantearnos hasta qué punto será universal la utilidad diagnóstica de este rasgo). Los frutos de *R. islandica* son además, con frecuencia, llamativamente torulosos, pero ni lo son siempre ni es del todo imposible ver frutos así en plantas que otros caracteres hacen forzoso referir a *R. palustris*. Tampoco resulta determinante, para terminar con los frutos, la forma de su base: los de *R. palustris* la tienen, de manera que no es exagerado calificar de constante, cuneada, pero también pueden tenerla así —aunque también truncada y redondeada— los de *R. islandica*, especie mucho más variable en este sentido.

g) Todos los caracteres hasta ahora discutidos, basados principalmente en las dimensiones del conjunto de las plantas o de algunas de sus partes, es razonable suponer se vean afectados, según se insinuó alguna que otra vez líneas arriba, por las condiciones de luz, temperatura y nutrición mineral, y lleguen a traducirse en excepciones como las señaladas. Pero el último de los caracteres habitualmente invocados para la diagnosis sí es por fin uno de esos nítidos, cualitativos, discontinuos e infalibles cuya existencia hacía prever la distancia genética a la que aludíamos al principio, aunque acaso no sea el más cómodo para el florista. Nos referimos al color y la grabadura de las semillas maduras: todas las plantas que, ponderados en ellas los caracteres referidos hasta ahora, asignamos a *R. palustris* tienen semillas más oscuras, con las celdas de la testa más anchas y

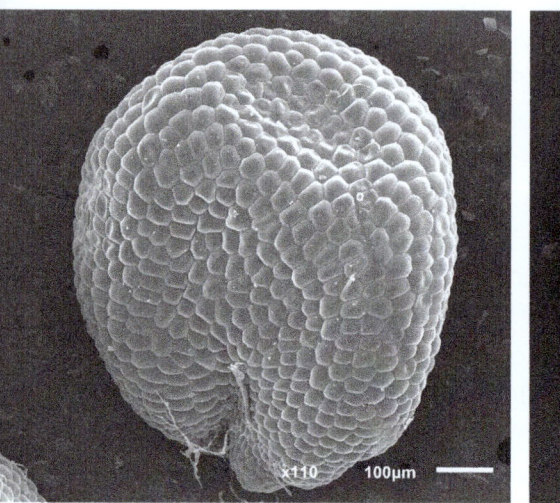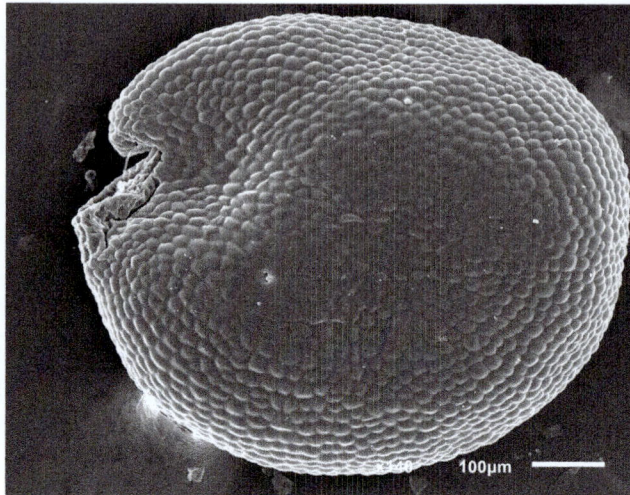

Figura 3. Semillas de *Rorippa palustris* [el Ḷḷegu (Quirós, Asturias), JBAG-Laínz 22231, izquierda] y de *R. islandica* [Casa Mieres (San Emiliano, León), JBAG-Laínz 22179, 26-VIII-2017, derecha). Repárese en que la primera está teselada por muchas menos celdas; las cuales, siendo las semillas de tamaño semejante, son por consiguiente mucho más grandes. También son más protuberantes y, aunque inapreciable esto para el microscopio electrónico de barrido, más oscuras.

más nítidamente protuberantes, diferencias que parecen afectar a su flotabilidad: CHATER & RICH (*op. cit.*: 236) hicieron un tan peculiar como revelador experimento, con lavavajillas de por medio, y el resultado fue —¡nunca mejor dicho!— muy clarificador.

Esta última alusión a las capacidades dispersivas de estas plantas da pie para todavía unos pocos comentarios de índole corológica y ecológica. Llama la atención, en particular, la marcada tendencia alopátrica exhibida por nuestras dos especies —con **Rorippa sylvestris** (L.) Besser como tercera en esta enigmática discordia corológica— a escala comarcal e incluso local, según se desprende de la lista de localidades arriba detalladas. En los cenagales temporalmente inundados de los Picos de Europa se puede afirmar que todo lo del género va a *R. islandica*. En los de Somiedo, como en los de la vertiente asturiana del macizo de Ubiña, todo a *R. palustris*; pero en el embalse de la Casa Mieres tan solo se ha visto *R. islandica*. En los embalses de Riaño y del Porma solo se nos ha presentado *R. sylvestris*, sustituida por *R. palustris* en el de Selga de Ordás —donde escasea— y en el de Salime —donde sí es copiosa— y por *R. islandica* en el de Casares de Arbas y en el de Bárcena. En el de Los Barrios de Luna hemos constatado el único caso de cuasiconvivencia: la especie más abundante es *R. sylvestris*; pero, muy localizada en el extremo occidental, hay una colonia de *R. islandica*. Nada hemos visto por ahora del género en otros embalses visitados: Matalavilla, Rozas, Campañana, Villameca y Rioseco.

¿Cómo interpretar estas extrañas exclusiones? Desde luego, no parece posible atribuirlas a diferencias entre unos sitios y otros en términos de medio físico o estado sucesional, pues la ecología de *R. islandica* y *R. palustris* —por ceñirnos de nuevo a nuestra pareja protagonista— es virtualmente idéntica: ambas se comportan, cuando menos, como subnitrófilas, explotando los nutrientes concentrados en los fangos emergidos por el estiaje. En los embalses de Los Barrios de Luna, Casares de Arbas y Bárcena, por ejemplo, *R. islandica* aparece en comunidades semejantes a las descritas del país de Gales por CHATER & RICH (*op. cit.*: 235), dominadas por *Filaginella uliginosa* y con abundancia de, entre otras, *Corrigiola litoralis*, varias especies de *Spergularia*, *Plantago major* s.l., *Polygonum aviculare*, *Equisetum palustre* y *E. arvense*.

Descartada la ecología, ¿podrá la historia dar cuenta del fenómeno? La última deglaciación de Somiedo y Ubiña precedió con certeza a la de los Picos de Europa, y por entonces la colonización la pudo efectuar la especie que, acaso más dispersiva por vía terrestre al hundirse y engancharse en las orillas más fácilmente sus semillas, ya había podido aproximarse. Para cuando se deglaciaron los Picos, la otra especie ya habría tenido tiempo de fundar más y más cercanas colonias desde su refugio (doquiera que este estuviese) y optar —con éxito— a colonizarlos, a buen seguro con un ave como medio de transporte. La ornitocoria —uno de los principales medios de dispersión de la planta [cf. JONSELL (*op. cit.*: 60-61); CHATER & RICH (*op. cit.*: 236s)]— explica la llegada de *R. islandica*, en exclusiva, tanto a Groenlandia como a la *terra classica* que le da nombre, islas ambas cuya deglaciación aún está en curso y en las cuales solo en tiempos recientes pudo instalarse nuestra planta —cf. JONSELL (*op. cit.*: 58-61)—. Explica también esas colonias de la costa central noruega, instaladas de manera recurrente en biotopo tan *sui generis* como los depósitos de conchas y únicas en toda Fenoscandia —donde sin embargo abunda la *R. palustris*, que tiene de hecho su *terra classica* en la linneana Laponia.

O acaso no son necesarias tales especulaciones paleogeográficas, y la situación corológica de ambas especies en nuestro ámbito se debe a la misma lotería en el reclutamiento —cf. SALE (1978)— que opera, según toda evidencia, en el proceso de colonización de los embalses —el cual es, literalmente por construcción, muy reciente: cf. GÓMEZ VIGIDE & MARTÍNEZ LABORDE (2000: 188)—. Una vez ya asentadas las tres especies en la región, viene a ser cuestión de azar cuál ocupa cada nuevo humedal: la primera en llegar prolifera y ahí se queda; ninguna otra le disputa esa estación. El propio nombre de *R. islandica* ha alentado su mala interpretación como una depauperada reliquia orófila, pero estamos en condiciones de afirmar, bajo la fe de lo arriba detallado, que puede presentarse y ser perfectamente competitiva en localidades de baja altitud.

Creemos tener, casi jadeantes tras todo lo dicho, las cosas razonablemente claras; pero para acabar de poner la última pieza a este enrevesado puzle sería bueno verificar metódicamente —mediante recuentos cromosomáticos o, de modo más ágil hoy, mediante mediciones flujocitométricas— si en todas las localidades arriba referenciadas nuestras diagnosis de base morfológica casan con el nivel de ploidía. Pero eso ya queda para quien tenga los conocimientos, los medios y la voluntad que nosotros no hemos podido reunir por ahora.

Nasturtium microphyllum Boenn. ex Rchb.

ASTURIAS

> Teverga, Taxa, la Veiga Cueiro, 43°10'40,68"N 6°11'34,74"W, 1305 m, en un humedal, *Rodríguez Berdasco*, 8-VII-2018 (JBAG-Laínz 22210); Lena, Tuíza Riba, Braña Ḻḻuenga, 43°1'29,54"N 5°55'45,08"W, 1480 m, *Rodríguez Berdasco*, 4-VIII-2018; Ponga, puerto de Ventaniella, Cases de la Faeda, 43°8'32,04"N 5°10'40,17"W, 880 m, en una cuneta encharcada, *Rodríguez Berdasco*, 5-VIII-2018 (JBAG-Laínz 22209).

Especie, nos parece, muy definida, en cuya distribución aún queda mucho por perfilar, pues ha de estar mucho más extendida de lo que hoy por hoy sabemos. Se conoce de muy pocas localidades asturianas —cf. AEDO & *al.* (1997: 326); ARGÜELLES & *al.* (1997: 455); ut *Rorippa*

Figura 4. Semillas de *Nasturtium microphyllum* (JBAG-Laínz 22210) y, a la derecha, de *N. officinale* (JBAG-Laínz 22276), en ambos casos procedentes de la Veiga Cueiro (Teverga, Asturias).

microphylla—. Si no la encontramos en fruto puede ser difícil distinguirla de su congénere *Nasturtium officinale* R.Br. ex W.T. Aiton, con el que a veces convive —así pasa, por ejemplo, en la Veiga Cueiro, donde predomina *N. microphyllum*—. La longitud de pedicelos y silicuas es sustancialmente mayor, y las segundas son también más estrechas, con una sola fila de semillas —estas últimas, tirando ya de lupa, tienen la cubierta mucho más finamente reticulada (figura 4).

Cardamine castellana Lihová & Marhold

ASTURIAS

Aller, puerto de Vegará, majada de la Mortera, 43°1'47,99"N 5°29'46,21"W, 1725 m, en una pequeña turbera, *Rodríguez Berdasco*, 1-IX-2018.

*LEÓN

Puebla de Lillo, sierra de la Cuerna, arroyo de Rebueno, 43°0'19,78"N 5°21'21,80"W, 1550 m, herbazal higrófilo sobre substrato silíceo, *Rodríguez Berdasco*, 19-VI-2016 (JBAG-Laínz 22242); Villamanín, pr. Casares de Arbas, hacia el Alto del Cabachonal, 42°57'23,39"N 5°47'54,72"W, 1675 m, herbazal higroturboso sobre cuarcitas, *Rodríguez Berdasco*, 27-VIII-2018.

Localidades que hacen de puente entre las de Fuentes Carrionas —cf. Carlón & *al.* (2010: 22)— y las del oeste de la Cordillera —cf. Aedo & *al.* (2001[=2002]: 13, sub *C. crassifolia*); Argüelles & *al.* (2005: 157); del Egido & *al.* (2012a: 20; 2012b: 208-209).

Arabis juressi Rothm.

ASTURIAS

Cangas del Narcea, Tremao'l Couto, 43°7'45,63''N 6°37'2,32''W, 470 m, *Rodríguez Berdasco*, 14-v-2010 (JBAG-Laínz 22275); ibid., Moal, 43°2'42,37''N 6°38'54,09''W, 610 m; ibid., entre Xedré y Monasterio de Hermo, 42°59'15,29''N 6°34'10,38''W, 810 m, roquedo de pizarras umbroso, con *Arabis glabra* (L.) Berhn. y *Arabis turrita* L., entre otras, *Rodríguez Berdasco*, 5-VII-2020 (JBAG-Laínz 22274 et phot.); Boal, entre Doiras y Froseira, 43°23'16,28''N 6°49'45,12''W, 185 m, *Rodríguez Berdasco*, 5-VI-2021 (phot.); Pesoz, presa de Salime, 43°14'14,65''N 6°51'1,15''W, 300 m, *Rodríguez Berdasco*, 12-IV-2013; Illano, Villar de Buyaso, 43°21'35,83''N 6°49'42,97''W, 245 m, *Rodríguez Berdasco*, 12-IV-2013; Ibias, Penedela, 43°2'52,56''N 6°55'41,25''W, 520 m, *Rodríguez Berdasco*, 20-V-2018 (phot.); ibid., pr. Llanelo, 42°56'38,13''N 6°41'57,68''W, 855 m, *Rodríguez Berdasco*, 15-v-2021; Somiedo, entre La Riera y Viḷḷaús, 43°9'15,19''N 6°15'10,59''W, 550 m, en un talud de cuarcitas, con *Arabis turrita* L., *Rodríguez Berdasco*, 1-V-2021; Belmonte, infra Vigaña, 43°15'6,50''N 6°13'51,60''W, 245 m, *Rodríguez Berdasco*, 1-V-2021 (phot.).

LEÓN

Oencia, Sanvitul, 42°33'28,81''N 7°0'9,04''W, 730 m, talud de *terra rossa*, *Rodríguez Berdasco*, 13-v-2023 (JBAG-Laínz 22267); ibid., Leiroso, 42°32'59,32''N 7°0'7,02''W, 800 m, en roquedo de pizarras, *Rodríguez Berdasco*, 13-v-2023; ibid. pr. Arnado, 42°32'1,56''N 7°0'15,81''W, 635 m, talud de pizarras, *Rodríguez Berdasco*, 13-v-2023.

Como pronosticábamos —cf. Carlón & *al.* (2010: 23)—, la especie está bastante extendida y llega a ser localmente abundante en el occidente asturiano, salvo en la zona costera —a lo sumo avanza hacia al norte, como tantas otras, hasta la vertiente meridional de la imponente Serra da Bobia— y en la alta montaña, pues nunca la hemos visto por encima de los 900 metros. El límite occidental de distribución de la afín *Arabis hirsuta* (L.) Scop. podemos situarlo en las calizas aledañas al pueblo de Xinestoso (Cangas del Narcea). Más allá, ya sea en calizas o en sílice, solo se ha visto la especie de Rothmaler.

Sirvan las localidades leonesas para afianzar la idea de que la especie está plenamente asentada en el noroeste de la provincia —cf. Carlón & *al.* (2014: 31), donde incurrimos en el feo error de birlarle a Rothmaler la autoría de tan destacado endemismo boreo-occidental.

Aprovechemos para impugnar algunas referencias genéricas regionales, comenzando por una de ***Arabis serpillifolia*** Vill., especie que en el conjunto de nuestro sistema montañoso a buen seguro no vivirá tan solo en el macizo del Castro Valnera —cf. Alejandre & *al.* (2010: 33-34; 2011: 39-40)—, en la Peña Redonda palentina —cf. Carlón & *al.* (2010: 23)— y en Peña Prieta —cf. Gómez Casares (2014: 17)—; ahora bien, ya nos extrañaría que alcanzase las cálidas honduras de Caín —cf. Alonso Felpete & *al.* (2011: 58)—. Caso aún menos verosímil es el de la también villarsiana ***Arabis nova***, que de vivir en sitio tan especialmente insólito como Poncebos tendría sus colonias conocidas más próximas allá por Aragón: la cita sajambriega de Carbó & *al.* (1978: 74) corresponde en realidad, como se desprende de los sinónimos indicados, a ***Arabis auriculata*** Lam. —cf. Laínz (1982: 37)—. Por terminar con la representación del género en la flórula picoeuropea, conste que la presencia de ***Arabis planisiliqua*** (Pers.) Rchb. en Cordiñanes como admiten Alonso Felpete & *al.* (*loc. cit.*), verosímil en comparación con los dos casos previos, supondría adición para el catálogo provincial.

«**Brassica montana** Pourr.»

En el mapa de Mabry & *al.* (2021: 4426), para nuestra sorpresa, se representa la especie de Pourret como muy extendida por la zona cantábrica. Rastrear las bases de ese error ha acabado por revelar una historia aleccionadora acerca de los peligros que entraña el uso ingenuo de las bases de datos informáticas. La fuente declarada del artículo es, por supuesto, la GBIF. Consultada el 7-III-2023, veíamos en su mapa, en efecto, un total de ocho puntos distribuidos a lo largo de nuestras montañas. El más occidental («Leitariegos») y los cuatro más orientales («Mampodre», «Puerto del Pontón», «Espigüete» y «Curavacas») proceden a su vez de Anthos, adonde acudimos para descubrir que se trata de citas de Gandoger pero también que, por una vez, la culpa no es propiamente del abate: de todos esos lugares citó *Brassica montana*, sí, pero la de De Candolle, nombre no prioritario para la planta a la que hoy, tras no poco azarosa travesía nomenclatural, llamamos *Coincya monensis* (L.) Greuter & Burdet subsp. *cheiranthos* (Vill.) Aedo, Leadlay & Muñoz Garm., cuya presencia en esos sitios sí es del todo verosímil. La pícara homonimia heterotípica, por inconcebible que les pueda resultar a ciertas mentes racionalistas y sin perspectiva histórica, es una fuente frecuente de confusiones y ha de tenerse muy presente a la hora de volcar los datos donde de veras deben estar.

Neutralizados de este modo cinco de aquellos ocho puntos, los tres restantes ejemplifican otra a buen seguro muy común fuente de error en este tipo de repositorios de información, invocada en otros pasajes de este trabajo nuestro (véase la página 140). Esas tres localidades, en apariencia intermedias entre las otras cinco, corresponden de veras a la especie de Pourret; pero, como se deduce inmediatamente de los topónimos, no son españolas sino francesas. Al acudir a la fuente citada por GBIF, que no es otra que el SIVIM, el error se hace evidente: se trata de citas fitosociológicas correspondientes a localidades del *Midi* francés que, si se les asigna por error una longitud al oeste del meridiano de Greenwich (para lo cual basta con añadir un signo menos a la coordenada correspondiente), aparecen representadas en el norte de España. En SIVIM el error ya no existe, no sabemos si porque fue corregido en su momento —de todos estos sistemas informáticos, SIVIM nos parece el más ágil detectando y enmendando los errores, por otra parte inevitables— o porque ese signo menos indebido fue introducido por un automatismo falaz de GBIF: al detectar que esa fuente de datos era ibérica pero esa coordenada no podía serlo, se pasó de listo y nos tiene ahora entretenidos. Lo cierto es que, seguramente como consecuencia de las mencionadas buenas prácticas de SIVIM, esos tres puntos cantábricos ya no aparecen en el mapa de la GBIF, según revela una consulta efectuada el 7-XI-2023.

Así pues, no hay ninguna base para tener *Brassica montana* Pourr. por planta española fuera de las comarcas costeras del extremo noreste, de modo que los sofisticados modelos estadísticos por medio de los cuales MABRY & *al.* (*loc. cit.*) reconstruyen su área potencial, al considerar la planta capaz de vivir en el Curavacas, son mera ciencia ficción —esto no invalida, por otra parte, las conclusiones esenciales del artículo, algunas de interés particular para nosotros, como la confirmación del origen cimarrón de las *Brassica oleracea* de nuestros acantilados marinos, de modo que la historia según la cual la berza y la col fueron la modesta aportación de la Europa atlántica al canon agronómico occidental no es sino un mito—. Hemos compartido nuestras constataciones con la Dra. Mabry, hoy en el Museo de Historia Natural de Florida, autora principal del estudio, quien por otra parte no es responsable directa de estos errores cartográficos —los mapas corrieron a cargo de un equipo del Jardín Botánico de Nueva York—. Las acogió favorablemente, y percibimos en ella, por cuanto nos cuenta acerca de sus investigaciones actuales, una actitud seria con respecto a las dificultades inherentes a la tarea de dotar de coherencia nomenclatural y biogeográfica a los revoltijos de datos regurgitados por GBIF. Percibimos, en suma, que hay una botánica al timón.

No siempre es así, como la casualidad acaba de mostrarnos de un modo muy crudo. Observamos cómo GBIF crece a marchas forzadas a base de rebajar sus estándares: a las de acuerdo que nunca garantizadas (página 115) pero por fuerza más fiables referencias basadas en especímenes de colecciones o en citas extraídas de la bibliografía especializada —siempre un tanto distorsionadas y confusas para el usuario inexperto al presentarse las localizaciones autóctonas en plano de igualdad con las correspondientes a asilvestramientos o incluso a meros cultivos— ha ido añadiendo fuentes de datos variopintas cuya fiabilidad es, cuando menos, cuestionable. Es el caso de ciertas *apps* para naturalistas, incluidas aquellas basadas en el reconocimiento automático de imágenes. Como resultado de ello acabamos de ver cómo el mapa de GBIF —con múltiples observaciones de Pl@ntNet y con el Tercer Inventario Forestal como principales culpables— presenta las *Erica multiflora* y *E. scoparia* como distribuidas a lo largo y ancho del tercio norte de España, desde la Galicia atlántica hasta la Navarra cantábrica, en obvia confusión con *Erica vagans* (y también, al menos en un caso —no hemos tenido cuajo de indagar mucho más—, con *E. cinerea*). Estas especies podrán ser indistinguibles a ojos de algoritmo, y de hecho seguirán siéndolo o lo serán cada vez más cuando, alcanzada una masa crítica —algo que un aluvión repentino de datos como el mentado Inventario Forestal puede conseguir de un día para otro—, las dudas que podrían asaltar a un usuario mínimamente cauto antes de dar por buena su determinación (o la de su *smartphone*) se ven disipadas por la reconfortante seguridad de ese rebaño de citas de engañosa fiabilidad, lo cual no hace sino reafirmar en su error a la pobre máquina.

Nada hay, aclarémoslo y razonémoslo cuanto antes, de corporativismo académico ni de ciego luddismo en nuestras críticas. Como revela la tradición varias veces centenaria de la palabra *botanófilo*, la botánica —por *amabilis* y porque se puede contribuir a ella sin necesidad del aparataje oneroso requerido por otras disciplinas, así como errar sin mayores consecuencias— es una suerte de «ciencia ciudadana» *avant la lettre*. Porque la profesionalidad, aunque sin duda conveniente, no es ni necesaria ni suficiente para alcanzar la condición de *experto*, indispensable para sortear trampas nomenclaturales y geográficas como las que exponemos en los párrafos precedentes. Decimos experto en el sentido etimológico de haber *atravesado* los suficientes montes —de los de pliegos y libros y de los de tierra y rocas— como para saber que, por regresar a nuestro ejemplo, antes de dar *Erica multiflora* por planta asturiana es preciso haber visto muy bien vistas las bractéolas y las tecas de las anteras, pormenores que faltan y seguirán faltando en todas esas *apps*, las cuales están concebidas para satisfacer, con legítima comodidad pero constatada inexactitud —cf. Campbell & *al.* (2023)—, la curiosidad de quien no quiere ser experto y, por consiguiente, nunca se cebarán con semejantes detalles. Las herramientas informáticas son fabulosas para acelerar el aprendizaje, pero nunca para sustituirlo, y la verdadera cornucopia que Internet representa para la botánica sistemática —a la cual solo nos parece que podrán contribuir todas esas *apps* por la quizás no despreciable pero en todo caso muy indirecta vía de despertar y alentar en sus primeros pasos vocaciones auténticas— consiste en agilizar el contacto entre investigadores y, sobre todo, el acceso a la bibliografía: ¡bendita https://bibdigital.rjb.csic.es/, y bendito sobre todo su artífice Félix Muñoz Garmendia, por mucho que su nombre solo escondido en un rincón aparezca en la versión actual de la página, que no logra borrar en nosotros el recuerdo de la original!

Como ejemplifica el caso de la *Brassica montana*, pretexto para esta suerte de desahogo, percibimos cierta desproporción entre el refinamiento creciente en términos de tratamiento y representación de los datos corológicos y el no menos creciente desinterés hacia la calidad de dichos datos; percibimos, en otras y acaso chuscas palabras, cierta veneración por el dato grande, ande o no ande. No negamos la utilidad del *big data* crudo para resolver cuestiones ecológicas y biogeográficas generales a grandes escalas espaciales, ante las cuales errores como los señalados en nuestros párrafos previos seguramente se diluyan o contrarresten; pero si se quiere pasar de las líneas maestras a las pinceladas detalladas, si se quiere saber qué plantas viven y cuáles no en un determinado territorio, no hay más remedio que recurrir a la inteligencia natural y temerosa del error de los botánicos humanos y a esas antiguallas que llamamos herbarios. No lloramos una *aurea aetas* ficticia, pero lloraríamos —lloraremos— que las ventajas tecnológicas de nuestro tiempo se queden en nada por un vano triunfalismo tecnocrático, que los medios suplanten a los fines y que el celo documental de un Juan Alejandre se tenga por cosa del pasado. Si a Gandoger le bastaron mucha imaginación y un cuaderno para sembrar una generosa dosis de caos —a él se debe buena parte del 25 % de sobreestimación en el número de especies de la cordillera cantábrica detectada por JIMÉNEZ-ALFARO & *al.* (2021: 4)—, ¿qué no podrán hacer sus é-mulos de hoy y de mañana?

La verdad corológica y la expurgación de los inevitables errores —cf. MEDINA GAVILÁN (2021)— no emergerán de la asamblea algorítmica de un montón de diletantes, sino del abnegado escrutinio comprobatorio —economizado por una noción de verosimilitud nacida de la propia experiencia— a cargo de botánicos expertos, debidamente documentado —antes o después, en un herbario— y él mismo sometido a crítica en la arena de las verdaderas publicaciones. Los portales de datos, entiéndasenos bien, cumplen una función valiosísima y nunca lo bastante celebrada como proveedores y repartidores a domicilio de abundante materia prima para el diagnóstico biogeográfico, pero esta debe cocinarse con esmero antes de servirse en el pulcro restaurante que deberían ser las publicaciones científicas; y la cocina, aunque puedan asistirla los electrodomésticos, se hace con las manos.

Reseda glauca L.

CANTABRIA

Lamasón, Picu la U —sobre Venta los Lobos—, pr. Quintanilla, 30TUN7685, 1140 m, fisuras de rocas calizas en vertiente soleada, *Moreno Moral* MM0041A/2014, 19-X-2014 (herb. Sánchez Pedraja); Rionansa —junto a la collá las Güelgas, en la estribación E de Peña las Abidules, sierra Trespeña—, pr. Riclones, 30TUN8190, 840 m, fisura de roca caliza en la umbría, *Moreno Moral*, 12-III-2023 (phot.) —un solo ejemplar, ahora solo hojas, que no se herborizó.

No nos constaba su existencia en la cadena cantábrica al E del entorno de los Picos de Europa, por lo que la «colonia» de aspecto finícola del macizo de Trespeña representa de momento el límite oriental de la especie en el área cantábrica.

Primula elatior (L.) L. s. str.

ASTURIAS

Aller, Rioseco, 43°5'6,40''N 5°25'47,96''W, 1130 m, claro de hayedo en la subida a los Puertos de Contorgán, *Rodríguez Berdasco*, 18-v-2014; Lena, Traslacruz, pr. la Caviera, 43°0'30,78''N 5°50'22,68''W, 885 m, interior de una avellaneda, sobre areniscas y calizas, *Rodríguez Berdasco*, 2-IV-2017 (JBAG-Laínz 22181); Caso, entre la Foz del Infiernu y la Foz de Moñacos, 43°14'26,22''N 5°18'50,58''W, 825 m, orla de hayedo, *Rodríguez Berdasco*, 25-v-2021; Amieva, majada Respañal, 43°13'46,12''N 5°3'42,26''W, 850 m, interior de hayedo y avellaneda, *Rodríguez Berdasco*, 26-III-2022 (phot.); Belmonte, Montoubo, hacia la braña de Monegro, 43°11'44,94''N 6°13'21,05''W, 835 m, orla forestal, en talud sombrío, acompañada de *Primula veris* subsp. *columnae*, *Rodríguez Berdasco*, 16-IV-2022; Cangas de Onís, pr. Covadonga, los Torneros, 43°17'19,02''N 5°4'3,13''W, 765 m, en hayedo, *Rodríguez Berdasco*, 23-X-2022 (en flor!).

Localidades que respaldan lo anticipado en CARLÓN & *al.* (2014: 59).

Androsace halleri L.

ASTURIAS

Aller, pr. majada Cuaña, 43°3'6,56''N 5°39'26,61''W, 1780 m, matorral abierto de brecina, sobre suelos pedregosos de pizarras, *Rodríguez Berdasco*, 31-v-2015; ibid., pico Camparón, 43°3'8,95''N 5°40'14,67''W, 1975 m, sobre pizarras crioturbadas, *Rodríguez Berdasco* 31-v-2015.

Ampliemos levemente la magra lista de localidades asturianas de este relevante orófito —cf. AEDO & *al.* (1994: 85); CARLÓN & *al.* (2010: 38)—; el cual, por ahora, en la Cordillera aparece exclusivamente en la alta montaña pizarreña sita entre los puertos de Payares y San Isidro.

GALICIA HERBADA & *al.* (2001: 387) la consideran citada del puerto de Tarna por GUINEA (1947: 344), si bien la mención que hace ahí dicho autor de la confusa *Androsace carnea* —cf. DIXON & SCHNEEWEISS (2007: 612-613)— es una mera vaguedad biogeográfica, errónea por añadidura: el *Epilobium duriaei* mentado por Guinea no solo no encuentra en Tarna su límite occidental, sino que el muy conocido botánico conmemorado en el nombre de la especie la descubrió en 1835 en el puerto de Leitariegos; o sea, 100 kilómetros al oeste. Desde luego, no verá *Androsace* ninguna quien visite los humedales de aquel paso de montaña...

SCHÖNSWETTER & *al.* (2015: 227-232) describen para el Pirineo oriental la subespecie *nuria* estribando básicamente en la leve diferenciación genética de las plantas pirenaicas respecto a las de los Vosgos y el Macizo Central francés, con cierto correlato morfológico en la longitud de escapos y hojas: las plantas pirenaicas son, sí, más pequeñas, pero también viven a altitudes muy superiores, hasta de casi 3000 m, razón por la cual no deja de echarse en falta un pequeño esfuerzo por descartar las consabidas plasticidades fenotípicas a través del cultivo conjunto de plantas de distintas procedencias. También se echa en falta alguna alusión explícita a la posición que les corresponde en este esquema subespecífico a las poblaciones cantábricas de la *Androsace halleri*, bien conocidas por estos autores —cf. DIXON & *al.* (2007: 3891s), donde se revela la planta del Pico Huevo como más afín a las de los Vosgos y el Macizo Central que a la pirenaica—. Por lo que uno de nosotros pudo estudiar en la cumbre del Ceyón —cf. CARLÓN & *al.* (2010: 38)— en una visita *ex professo* (26-VI-2021), nuestra planta es, en efecto, más semejante al resto de las extrapirenaicas: aunque muy localizada en las gleras de la ladera N-NE del pico, la especie es allí relativamente profusa, y la mayor parte de los algo así como 200 ejemplares vistos no se podrían llevar —por el tamaño de sus hojas y, sobre todo, por la altura de los escapos— a la raza pirenaica, si bien no dejarían de encajar en ella, frente al protólogo, ciertos ejemplares reductos. Ante esta diferenciación morfológica incompleta, y sin saber qué aspecto adquirirían las plantas de nuestra humilde cumbre payariega si esta tuviese la talla del Puymal d'Err, se entiende la decisión de los autores de decantarse por el rango subespecífico frente a su plan original de describir toda una especie nueva —cf. DIXON & *al.* (*op. cit.*: 3897).

Androsace lactea L.

ASTURIAS

Aller, El Pino, cara norte de la Pena Reonda, 43°3'59,21"N 5°31'20,70"N, 1520 m, pastizal pedregoso y sombrío sobre calizas, *Rodríguez Berdasco*, 3-IX-2017; Cabrales, pr. Sotres, base de la Canal de las Moñas —sobre Vega las Cuerres, los Urrieles, Picos de Europa—, 30TUN5587, 1420 m, pie umbrío de roquedo, *Moreno Moral & Rodríguez Berdasco*, 14-VII-2019 (phot.) —bastante buena población distribuida en pequeños grupos; en plena floración.

Como la anterior, nunca está de más citarla, pese a lo cercano de una de las localidades ya conocidas —cf. Fernández Prieto & al. (1982: 35)—. Aprovechemos para dejar constancia de que la especie, en los Picos de Europa —cf. Laínz (1973: 183)—, desciende por debajo de lo sabido hasta el momento, y seguramente se encontrará en cotas aún inferiores a poco que se busque en los lugares apropiados.

*Drosera anglica Huds.

ASTURIAS

Somiedo, sierra del Cornón, 43°2'2,97"N 6°17'58,03"W, 1860 m, turbera sobre cuarcitas, *Rodríguez Berdasco*, 15-VIII-2015 (JBAG-Laínz 22155).

LEÓN

Villablino, Sosas de Laciana, sierra del Cornón, cabecera del río Glacheiro, 43°1'31,26"N 6°17'54,16"W, 1890 m, reguero turboso sobre cuarcitas, *Rodríguez Berdasco*, 13-VIII-2017 (phot.).

Insectívora cuyas localidades ibéricas casi se cuentan con los dedos de una mano —cf. Uribe-Echeverría & Alejandre (1982: 44); Canalís & al. (1984: 136, sub *D. longifolia*); Fernández Prieto & al. (1985: 163); Aedo & al. (1997: 328, sub *D. longifolia*); Alejandre & al. (2001: 357-358, sub *D. longifolia*)—. De Somiedo, en concreto de la Veiga Cimera, ya la habían citado Fernández Prieto & al. (*loc. cit.*). La otra cita asturiana —debe desestimarse, como de costumbre (véase nuestra página 94), la de Martínez (1935: 16), pues la planta de las turberas de Vidiago es, naturalmente, la *D. intermedia*, a la que nos referiremos a continuación [cf. Guinea (1953: 331, «Vidialgo» [sic]); Fernández Prieto & al. (1987: 451)]— corresponde a la «turbera de Tchouchinas, pr. Gillón (Cangas del

Narcea, Asturias)» —cf. Aedo & *al.* (*loc. cit.*)— y pide una aclaración: tras buscarla en varias ocasiones sin éxito, le preguntamos a Carlos Aedo si recordaba el lugar concreto donde la había visto; y, para nuestra sorpresa, nos respondió que no había sido en Ḷḷouḷḷina, sino en la cubeta donde vive la *Nuphar pumila*, esto es, en la ya prácticamente colmatada laguna llamada «Baxo el Camín» por Fernández Bernaldo de Quirós & García Fernández (1987: 186-187). Es en ella una auténtica rareza, encaminada a la extinción en paraje no solo más seco sino —una cosa lleva a la otra— más machacado por el ganado bovino que, desde no hace tanto, apacenta durante medio año esos pastos pertenecientes al pueblo de Gillón [Xichón] —en mucho mayor número del debido, como bien nos comentó un ganadero de la zona: unas doscientas cabezas cuando, según él, lo ideal serían unas ochenta—. Alguna medida habría de adoptarse en un enclave poblado por dos reliquias tan notables. Semejante es la situación en la Veiga Cimera, donde la severa presión ganadera —en alguna ocasión contamos más de un centenar de vacas y una treintena de caballos— pone en riesgo, además de a la *Drosera*, a la *Lycopodiella inundata* (página 19).

De las dos localidades hoy publicadas es en la asturiana donde, con diferencia, más abunda la planta; es más, aunque muy localizada, es allí copiosísima. La colonia leonesa, menos nutrida, fácilmente acabará por mermar más aún habida cuenta de su posición en un sitio menos plano y más expuesto a la sequía. Por suerte, ni la colonia asturiana ni la leonesa se ven afectadas por el ganado: a la media docena asciende por todo ascender el número de vacas vistas la cabecera del río Glacheiro, más un par de ellas, despistadas, venidas de más abajo, en la vertiente asturiana —la cubeta donde medra la colonia asturiana, de acceso difícil hasta para los rebecos del lugar, permanece impoluta.

*Drosera intermedia Hayne

LEÓN

Cabrillanes, pr. Meirói, 43°0'2,31"N 6°13'49,57"W, 1395 m, subida al puerto de Somiedo, en un reguero pequeñito que atraviesa una ladera turbosa sobre cuarcitas, *Rodríguez Berdasco*, 15-VIII-2017 (phot.); ibid., 42°59'40,32"N 6°13'51,57"W, 1370 m, cuarcitas rezumantes y pequeñas pozas en una senda ganadera,

Rodríguez Berdasco, 15-VIII-2017 (JBAG-Laínz 22154); ibid., 42°59'34,65"N 6°13'55,80"W, 1340 m, hilillos de agua en herbazal higroturboso sobre cuarcitas, *Rodríguez Berdasco*, 15-VIII-2017 (phot.).

Novedad provincial. La especie está protegida en Castilla y León, comunidad autónoma donde, hasta ahora, solo constaba su presencia —descartadas tiempo ha las citas del Sistema Ibérico, correspondientes en realidad a la especie precedente— en los territorios oceánicos del norte de Burgos —cf., v. gr., GARCÍA LÓPEZ (2011: 70)—. Las localidades conocidas más cercanas a las que hoy señalamos son las publicadas por FERNÁNDEZ ORDÓÑEZ & *al.* (2009: 121): turberas del alto de La Espina (Salas, Asturias). Como curiosidad indicativa del papel ambivalente que la ganadería juega en la conservación de estos ecosistemas, comentemos que la segunda de las poblaciones señaladas, la más copiosa, tiene todos los visos de haber proliferado merced a cómo el insistente pisoteo de las vacas ha hecho aflorar la roca madre rezumante (véase lo dicho en la página 20 a propósito de la *Lycopodiella inundata*).

Aparte su trascendencia meramente política, la altitud y relativa lejanía del mar de nuestras localidades les confiere cierta enjundia biogeográfica al haber sido la planta utilizada como criterio de demarcación de los territorios costeros cántabro-atlánticos frente a los más continentales y montañosos de la provincia orocantábrica, en cuyo puro corazón se encuentran nuestras colonias —cf. DÍAZ GONZÁLEZ & FERNÁNDEZ PRIETO (1994: 67, 99)—. Más aún sorprendería, todo dentro de un orden —la planta menudea todo a lo largo de la vertiente norte del Pirineo y, aunque más rara que en las regiones atlánticas, no falta en países tan interiores como la República Checa—, que la especie, también en Portugal asociada a las regiones marítimas —de los 79 registros ofrecidos a día de hoy por la rutilante www.flora-on.pt de la Sociedade Botânica Portuguesa, todos salvo uno, alentejano, que alcanza los 106, se encuentran a menos de 58 kilómetros del océano—, se internase hasta la provincia de Ávila, como se deduciría de la secuencia provincial de *FLORA IBERICA* —cf. PAIVA (1997: 78)—. Pero tanto Carlos Aedo —tras revisar en el Real Jardín Botánico la documentación que habría de respaldarla— como Modesto Luceño —desde su conocimiento inigualable de la flora abulense— son de idéntico parecer: tras esa indicación no hay sino un mero error editorial.

Umbilicus heylandianus Webb & Berth.

ASTURIAS

Lena, entre Fierros y Chanos de Somerón, 43°3'22,26"N 5°46'38,03"W, 650 m, talud de pizarras junto a la carretera, *Rodríguez Berdasco*, 20-VI-2013 (phot.); Teverga, Villanueva, 43°9'0,61"N 6°8'22,23"W, 655 m, talud de carretera en la entrada al pueblo, *Rodríguez Berdasco*, 23-VI-2018.

Vamos perfilando su distribución en Asturias, que poco más amplia podrá ser —cf. Lastra & *al*. (1992); Carlón & *al*. (2010: 26-27).

Sedum cepaea L.

ASTURIAS

Cangas del Narcea, entre Gedrez [Xedré] y Monasterio de Hermo, 42°59'13,08"N 6°34'7,27"W, 815 m, talud de pizarras sombrío, junto a la carretera, *Rodríguez Berdasco*, 5-VII-2020 (JBAG-Laínz 22241).

Tras haber inspeccionado a pie todos los taludes de la carretera entre Xedré y Hermo, podemos afirmar que tal rareza —cf. Lastra (2003: 194); Carlón & *al*. (2014: 39)— aparece tan solo allí donde el valle es más sombrío y angosto, a lo largo de unos doscientos metros. La planta, de cuya plena autoctonía no cabe dudar en semejante paraje, da la sensación de ser, como la anterior, estenoica, ligada a biotopos muy definidos. Pasa también muy inadvertida, pues en estado vegetativo sus hojas verticiladas recuerdan a las de un galio —convive allí, por cierto, con *Galium aparine* y, más raramente, con *G. odoratum*— y, cuando florece, lo hace de forma efímera y discreta.

Esta localidad del suroccidente asturiano —una de tantas, en toda hipótesis: la planta no faltará en ambientes similares de Somiedo y Teverga— hace aún más creíbles de lo que intuíamos —cf. Carlón & *al*. (*loc. cit.*)— las referencias gallegas del *Prodromus* —cf. Willkomm & Lange (1874: 145)—, en especial la coureliana del emérito farmacéutico gerundense Juan Texidor y Cos, quien para cuando llegó a Galicia estaría ya familiarizado con tan peculiar crasulácea, frecuente en su tierra natal. ¿Con qué si no la pudo haber confundido?

Sin salirnos del género en su circunscripción tradicional, aprovechemos para hacer una aclaración: no puede ser correcta ninguna de las dos citas asturianas que el programa ANTHOS, sub *Sedum pruinatum*, recoge de lo que hoy parece forzoso llamar **Petrosedum pruinatum** (Brot.) Grulich. La de LERESCHE & LEVIER (1881: 79), como viene a explicitar la mención como sinónimo de *Sedum elegans* Lej., corresponde al general *Petrosedum forsterianum* (Sm.) Grulich, y habrá de atribuirse, al ser el basiónimo de Smith algo posterior al de Brotero, a la asimilación de ambos táxones; maniobra que —por absurda que resulte para quien conozca ambas plantas, muy dispares incluso cuando, como sucede con frecuencia, conviven— parece haber gozado en el pasado de cierto predicamento. La de GUINEA (1953: 391), por su parte, acaso sea eco de la debida a la dupla Lomax-Pau —cf. PAU (1893: 79)—, autor el segundo que, en este caso, bien hubiera hecho en aplicar la prudencia comentada a propósito de *Atocion rupestre* (página 44). Lo cierto es que, aunque encuentros como el de la *Veronica micrantha* (página 108) moderan levemente nuestro escepticismo, la presencia de la planta de Brotero en Asturias se nos antoja muy poco verosímil.

Rubus saxatilis L.

ASTURIAS

Caso, Peña los Fornos, 43°5′46,87″N 5°20′49,61″W, 1690 m, pared calcárea orientada al norte, *Rodríguez Berdasco*, 14-VIII-2018 (JBAG-Laínz 22180); Cabrales, sobre Inguanzo, parte alta de la Canal, entre la fuente Ostandi y el colláu Llagu, unos 300 m al sur de Ostandi, 43°16′20,8″N 4°52′23,2″W, 1490 m, respisas herbosas de roquedos calcáreos, *Carlón Ruiz, Moreno Moral & Rodríguez Berdasco*, 1-X-2023 (phot.).

Pequeñas adiciones a la distribución cantábrica que de la más montuna y rupícola de nuestras zarzas se esbozó en AEDO & *al.* (1999: 250). Al hilo de esta especie, ilustremos con un par de disparatados encuentros casuales —¡qué no encontraríamos si buscásemos a conciencia!— cuanto decíamos (página 61) acerca de la deriva de GBIF y sus nuevos aliados «smartfónicos»: su registro del centro de Cantabria se basa tan solo en la chapucera determinación automática de la foto de un *Rubus* espinoso con los frutos, sí, rojos, pero de puro inmaduros; y uno vitoriano es lo mejor que acertó a decir el pobre algoritmo cuando se le preguntó por el coqueto bodegón otoñal formado por la hoja de otro *Rubus* cualquiera y los frutos encarnados de una *Convallaria majalis*. Se diría que esta discreta zarza, inerme para las personas, representa un problema espinoso para los artificios presuntamente inteligentes: en otra plataforma muy popular acabamos de ver que se le atribuía —lo hemos corregido de inmediato— una foto tomada en la costa guipuzcoana de los frutos colorados de un *Arum* rodeados por las hojas de una ortiga.

Rubus vestitus Weihe

ASTURIAS

Lena, Traslacruz, 42°59'41,66"N 5°49'22,69"W, 1370 m, Monte el Carrizal, entre acebos, sitio umbroso, *Rodríguez Berdasco*, 14-III-2020 (phot.).

Muy raro en esa localidad asturiana, y en este caso muy típico —cf. CARLÓN & *al.* (2014: 40-41)—. MONASTERIO-HUELIN (1997: 152) lo citó de una localidad leonesa relativamente próxima, correspondiente a municipio en el que nosotros lo hemos fotografiado, pero en sendos sitios aún más cercanos a nuestra localidad asturiana: los valles de Cacabillos y Bildeo, donde sí abunda y donde, por consiguiente, se puede apreciar toda su variabilidad.

«**Rubus galloecicus** Pau»

Lo venimos observando desde hace tiempo en parajes más o menos abiertos del extremo occidental de la cordillera cantábrica, donde en ocasiones prolifera bastante —es, por ejemplo, con *Rubus henriquesii*, la especie dominante en las partes altas del puerto de Pedrafita do Cebreiro, entre León y Lugo—. Zarza bien identificable ya en el campo por su morfología foliar, por ciertos detalles del turión y, de ordinario, por sus sépalos largamente acuminados. Es su endemicidad ibérica cuanto cuestionamos, pues nos parece indistinguible del ***Rubus echinatus*** Lindl. —cf., v. gr., EDEES & NEWTON (1986: 199).

SUDRE (1908-1913: 132) y FOCKE (1911: 447) prefieren usar el nombre *Rubus discerptus* P.J. Müll., estribando en que el de Lyndley es confuso y difícil de adscribir a una zarza en concreto. Si se acaba abogando por el binomen del batólogo alsaciano, VAN DE BEEK & *al.* (2017: 18-19) designan un neótipo [P 04148139!] de la localidad francesa de Vienne (Isère).

Rubus vestitus Weihe [Sena de Luna, arroyo de Cacabillos, 7-VIII-2019]

Rubus echinatus Lindl. (=*R. galloecicus* Pau) [Degaña, La Pruída, 30-VII-2017]

Rubus castroviejoi Monasterio-Huelin

ASTURIAS

Lena, Traslacruz, la Ḷḷinar, 43°0'23,47"N 5°50'6,37"W, 840 m, talud sombrío y húmedo en orla de bosque caducifolio, *Rodríguez Berdasco*, 14-III-2020 (phot.).

LEÓN

Valdepiélago, Nocedo, 42°54'30,03"N 5°23'34,90"W, 1145 m, talud muy sombrío sobre cuarcitas, conviviendo con *Rubus lucensis* y *R. henriquesii*, *Rodríguez Berdasco*, 15-VIII-2023 (JBAG-Laínz 22280).

Especie rara y localizada, lo que podrá estar en relación con la especialización ecológica sugerida por lo visto hasta ahora —cf. CARLÓN & *al.* (2014: 41).

Rubus henriquesii Samp.

ZAMORA

Ribadelago, cañón del Tera, 42°9'46,13"N 6°45'38,72"W, 1415 m, orla de melojar sobre granitos, *Rodríguez Berdasco*, 14-VIII-2019.

Novedad para la flora zamorana —cf. MONASTERIO HUELIN (1998: 50)—, previsible dado lo mucho que abunda por el noroeste peninsular tan caracterizada especie, si bien es una rareza en ese paraje sanabrés.

«Rubus cyclops Monasterio-Huelin»

ASTURIAS

Aller, sobre Rubayer, 43°2'26,12"N 5°32'57,60"W, 1100 m, linde de camino, *Rodríguez Berdasco*, 15-VIII-2022 (phot.); Caso, Bezanes, pr. majada del Gavilán, 43°8'12,61"N 5°19'52,91"W, 1000 m, talud sombrío en la orla de un hayedo, substrato silíceo, *Rodríguez Berdasco*, 12-X-2023.

LEÓN

Sena de Luna, Caldas de Luna, valle de Cacabillos, 42°57'15,50"N 5°51'18,52"W, 1415 m, talud de camino, junto a un rebollar, *Rodríguez Berdasco*, 7-VIII-2019 (JBAG-Laínz 22226); Boca de Huérgano, Llávanes de la Reina, 43°2'59,70"N 4°47'18,68"W, 1450 m, entre piornos, *Rodríguez Berdasco*, 14-VIII-2022 (JBAG-Laínz 22224); Riaño, pr. Horcadas, 42°56'21,67"N 5°2'16,40W, 1210 m, entre escobas, *Rodríguez Berdasco*, 16-VIII-2022 (phot.); Posada de Valdeón, hacia el puerto de Panderruedas, 43°8'24,73"N 4°56'23,33"W et 43°7'31,69"N 4°58'4,73"W, 1030 m, orla forestal, conviviendo con otras especies del género, *Rodríguez Berdasco*, 17-IX-2022 (phot.).

La llamativa forma descrita como *R. cyclops* no es ni mucho menos tan rara y localizada como suponíamos, y no solo en ambientes estrictamente forestales: la hemos visto al borde de caminos en la solana de Degaña y en la localidad canguesa de Xinestoso. A lo largo de estos últimos años también hemos podido apreciar su no poca plasticidad morfológica —indumento, colorido y glándulas de los turiones, tamaño y forma de los foliolos, etc.—, ligada con claridad a si aparece en lugares frescos y umbrosos, pingües, o en otros a pleno sol. Su inflorescencia nos sigue pareciendo, en todo caso, muy característica —cf. CARLÓN & *al.* (2014: 42).

Otra cosa es si debe considerarse toda una especie aparte o por el contrario debe sinonimizarse al binomen prioritario **Rubus lucensis** H.E. Weber & Monasterio-Huelin, como nos animamos a concluir tras haber estudiado con detenimiento, en su *terra classica*, lo descrito bajo este último nombre y haber reparado en que muchos de los ejemplares de dichas poblaciones locotípicas resultan indistinguibles de ciertas formas bajo las cuales se presenta el presunto *R. cyclops* en los territorios ancareses (de donde proceden tres de sus parátipos) y del occidente asturiano. Como en cierto modo adelantábamos en CARLÓN & *al.* (*loc. cit.*), allí donde la especie abunda y, al ocupar muchas posiciones dispares en términos de humedad e iluminación, puede desplegar toda su gama fenotípica —como lo hace, por ejemplo, a lo largo del camino que enlaza la base del puerto del Pozo de las Muyeres Muertas con la Braña'l Saladín (Cangas del Narcea, Asturias)—, los turiones pueden ser más y menos coloreados, y sus glándulas pueden ser más y menos abundantes, así como de tonos que comprenden el amarillo, el rojizo, el pardo y el anaranjado. En algunas poblaciones ancaresas —aproximadamente locotípicas para *R. lucensis*— conviven formas canónicas de este último —con tres folíolos más o menos ovados— con otras más robustas, con visos de haberse beneficiado de un suelo más fértil y cuyas hojas pentafoliadas tienen grandes folíolos suborbiculares como los que definirían y dan nombre a *R. cyclops*. Turiones más y menos coloreados se dan en ambos extremos de morfología foliar, por otra parte conectados por multitud de formas transicionales. A decir verdad, Monasterio-Huelin dispuso de muy poco material para describir ambas especies, como se desprende de las páginas 72 y 94 de su valiosa tesis doctoral (*Revisión taxonómica del género Rubus L. (Rosaceae) en la Península Ibérica e Islas Baleares*. Universidad Complutense de Madrid. Facultad de Farmacia), defendida en 1992, y en estas condiciones es muy comprensible la tentación de considerar especie aparte la forma de foliolos tan llamativamente redondeados. Las localidades de esta última arriba detalladas representan un avance muy notable hacia el este por las montañas cantábricas y, de ser acertada nuestra propuesta de sinonimización, contribuyen de manera indirecta a acortar el un tanto enigmático hiato entre las dos localidades protológicas de *R. lucensis*, la gallega que le dio nombre y la riojana.

Rubus hirtus Waldst. & Kit., s.l.

ASTURIAS

Aller, Rubayer, 43°2'26,89''N 5°32'56,47''W, 1090 m, en el paraje de Espinas de Can, al borde de un camino, substrato silíceo, *Rodríguez Berdasco*, 13-VII-2014 (JBAG-Laínz 22225); Ponga, bosque de Peloñu, 43°15'45,57''N 5°13'05,94''W, 1195 m, *Rodríguez Berdasco*, 18-VIII-2021 (phot.).

Abundante en la localidad allerana, donde puede apreciarse a placer toda la no poca variabilidad de la especie. En los taludes y en el borde del camino que, saliendo ya del pueblo, atraviesa los hayedos acidófilos (es decir, en los sitios más sombríos) las plantas son menos espinosas y con menos glándulas, verdes por completo sus turiones, con hojas trifoliadas casi siempre y, en muchos casos, estériles o a lo sumo con inflorescencias pauciflóras en comparación con las de los ejemplares que, como el herborizado, habitan en lugares abiertos y soleados. Llegó a pasársenos por la cabeza, por cierto, que el topónimo se refiriese a esta tan característica zarza, si bien Fernando Álvarez-Balbuena nos da por más probable que se pronuncie como una sola voz («Espinasdecán») y que se sume a la lista de nombres de lugar que, en Asturias y en otros territorios hispanos, se basan en la comparación de las formas de relieve con la de los cuerpos de las bestias: son ejemplos L'Espinazu Cabra y El Renazu Cabra del municipio asturiano de Tineo y —de manera aún más transparente para nuestro sitio de hoy, cuya topografía no deja de avenirse con esta interpretación— el Espinazo del Can del municipio zamorano de Barruecopardo y la sierra de Espinhaço de Cão, en el Algarve.

En el suroccidente de Asturias —cf. CARLÓN & *al.* (2010: 28)— lo hemos vuelto a ver en diversas localidades, la más occidental en Ibias, entre Santa Comba y Piliceira; es decir, a un paso de Galicia, donde MONASTERIO-HUELIN (1998: 65) no llegó a conocer la especie —por eso faltará, suponemos, en el catálogo gallego de ROMERO BUJÁN (2008: 112), si bien la cita periancaresa de MERINO (1902: 353) resulta, por cuanto hoy sabemos, cualquier cosa menos disparatada.

Rubus serpens Weihe ex Lej. & Courtois, saltem s.l.

ASTURIAS

Cangas del Narcea, pr. Monasterio'l Couto, Braña'l Saladín, 43°5'39,53"N 6°46'26,24"W, 850 m, orla de un bosque de roble albar, en un sitio umbroso, *Rodríguez Berdasco*, 8-x-2010 (JBAG-Laínz 22204) et 7-xi-2022 (phot.).

LEÓN

Riaño, pr. Horcadas, la Hoz Oscura, 42°55'39,97"N 5°2'7,02"W, 1330 m, en parajes más o menos sombríos de esa hoz cuarcítica, *Rodríguez Berdasco*, 17-vii-2022 (JBAG-Laínz 22203) et 16-viii-2022 (JBAG-Laínz 22202); Posada de Valdeón, hacia el puerto de Panderruedas, 43°7'31,87"N 4°58'4,73"W, 1200 m, zona umbrosa junto a la carretera, en un extenso bardal en su mayoría de *Rubus hirtus*, substrato silíceo, *Rodríguez Berdasco*, 18-ix-2022 (JBAG-Laínz 22201); ibid. 43°7'22,48" 4°58'48, 29"W, 1450 m.

Zarza de la serie *Glandulosi* (Wimm. & Grab.) Focke, de la cual MONASTERIO-HUELIN (1998) solo admite una especie para el ámbito ibérico, el susodicho *R. hirtus*. Nuestros materiales difieren bastante de éste. Lo más llamativo es el aspecto verde azulado de sus turiones, causado por la abundante pruina que los recubre. En las zarzas peninsulares solo habíamos visto una tonalidad semejante en *Rubus idaeus* L. y en *R. ulmifolius* Schott. Donde se hace más patente es en los ejemplares de emplazamientos menos soleados, pues los tonos rojo-violeta llegan a predominar en los pies más expuestos al sol directo. *R. hirtus*, por su parte, es una planta poco pruinosa cuyos turiones, siempre en función de la abundancia de luz, van del verde no glauco al purpúreo. Además, el turión del *serpens* es bastante menos peloso y glanduloso que el de *hirtus*, con menos acículas y acúleos. Los turiones son de sección circular a circular-angulosa, frente a los de las formas bajo las que *R. hirtus* se presenta en nuestra región, cuya sección es más angulosa.

En cuanto a la morfología foliar, las hojas de *Rubus serpens* son, por lo común, trifoliadas, con foliolos convexos de forma elíptica a obovada y borde regularmente serrado. Las de *R. hirtus* son con frecuencia tetra y pentafoliadas, y cóncavos, de ovados a elípticos y con el margen irregularmente serrado los foliolos.

Respecto a la inflorescencia, la de *serpens* es más alargada, como más largos son sus ejes floríferos. En las de los ejemplares maduros es también muy característica la presencia de hojas simples, llamativas tanto por su abundancia como por el tamaño que alcanzan en comparación con otras especies del género. Los sépalos, por último, son en su mayoría patentes o reflejos en fruto, por erectos o adpresos los de *hirtus*.

Más que al *Rubus hirtus*, el *R. serpens* se asemeja mucho al *R. pedemontanus* Pinkw. (=*R. bellardii* Weihe) —los tres son las especies más representativas, «clásicas» si se quiere, de la serie *Glandulosi*—. Se diferencian básicamente porque el *R. pedemontanus*, respecto a *R. serpens*, presenta unos turiones provistos tanto de abundantes glándulas estipitadas como de acículas o cerdas; y también porque sus acúleos son muy finos y frágiles, a veces aciculiformes, y por lo general de base más estrecha y algo más recurvados que los de *R. serpens* —cf. Weihe & Nees von Esenbeck (1822-1827: 51-61, 95-98).

Bajo *Rubus serpens*, como bajo *R. hirtus*, se han descrito multitud de táxones subespecíficos, aunque la mayoría de ellos son, nos tememos, meras morfosis. Ponernos analíticos y tratar de afinar en cuál de todas esas formas fantasmales encajan mejor nuestras plantas no nos parece de recibo; seguir a Sudre (1908-1913: 212-214), por ejemplo, es, según nuestra experiencia, una pérdida de tiempo, más en este caso si nos atenemos a lo expuesto por Van de Beek (2018). En nuestra opinión, y dicho sea de una vez por todas, para hacer mínimamente abordable un género tan atomizado ya como éste ha de primar la síntesis, más teniendo en cuenta la enorme y desconcertante plasticidad fenotípica. Nuestros materiales, por otra parte, son en todo equiparables al lectótipo [BR 557723!] designado por Van de Beek (*op. cit*: 57).

Rubus serpens Weihe ex Lej. & Courtois [la Hoz Oscura (Riaño, León), 16-VIII-2022].

Las referencias peninsulares al *Rubus serpens* son muy contadas. VILLEGAS i ALBA (2008: 13) lo da por presente en la comarca de La Garrotxa; y, sin salir de Cataluña, el pliego BC 149144! [Val d'Aran, *O. de Bolòs & O. H. Volk*, 25-VIII-1958], sin ser excelente, sí nos parece referible a nuestra zarza. No es el caso de MAF 161583! (Encinedo, León, *M. de Godos*, 17-VII-1993), correspondiente a *R. vagabundus* Samp., especie que parece estar bastante extendida por La Cabrera —cf. GONZÁLEZ de PAZ (2012: 232).

Geum pyrenaicum Mill.

ASTURIAS

Ponga, los Llubiles, 43°5'32,52"N 5°11'54,12"W, 1670 m, pastizal sobre calizas orientado al N, *Rodríguez Berdasco*, 18-VI-2017 (JBAG-Laínz 22240); ibid., Alto la Canal, 43°8'2,21"N 5°11'31,15"W, 1445 m, *Rodríguez Berdasco*, 5-VIII-2018 (JBAG-Laínz 22239); Caso, Peña los Fornos, 43°5'51,09"N 5°20'26,02"W, 1550 m, *Rodríguez Berdasco*, 14-VIII-2018 (JBAG-Laínz 22238).

En nuestro ámbito geográfico solo se la conocía con certidumbre de los Picos de Europa propiamente dichos, principalmente en su vertiente septentrional —cf. NAVA (1988: 62)—. Fuera de allí, tan solo dábamos por verosímil la cita palentina de RUIZ de GOPEGUI & RUIZ (2012: 190); pero, tras echar un vistazo al pliego de respaldo (LEB 103885), nos convencemos de que lo colectado no es sino una forma depauperada por la altitud —y con el carpóforo aún no desarrollado por lo temprano de la fecha, causa esta de frecuentes confusiones, cf. TISON (2014: 766)— del más general *Geum sylvaticum* Pourret, visto por nosotros mismos en varios puntos de la solana de la Cordillera, desde Babia a Boca de Huérgano, incluso por encima de los 1800 m de ese pliego de LEB.

Potentilla brauneana Hoppe

ASTURIAS

Cabrales, entre la Peñe'l Jascal y la Cabeza Llerosos, 43°16'15,91"N 4°54'6,46"W, 1585 m, en una pequeña hondonada en el karst, sobre arcillas de descalcificación, *Rodríguez Berdasco*, 21-VI-2015 (JBAG-Laínz 22177).

Quionófila cuya distribución ibérica se limita a los Pirineos y los Picos de Europa —y en estos últimos, básicamente, en su vertiente septentrional, cf. Aedo & al. (1999: 250)—. Aparece ahora en el imponente macizo de la Cabeza Llerosos —prolongación norteña del macizo occidental picoeuropeano, también llamado del Cornión—, cuya orientación y proximidad al mar se traducen en frecuentes nieblas de estancamiento y en unas precipitaciones elevadísimas, a buen seguro no muy alejadas en las partes altas de los 3.000 mm, bien repartidos además a lo largo del año. Según vemos en la bibliografía, y como consecuencia presumible de ese clima tan poco pródigo en calor solar directo, nuestra localidad es la de menor altitud conocida para la especie: solo en el extremo norte de su área, en el Jura, alcanza altitudes semejantes, de unos 1600 m —cf. Tison & de Foucault (2014: 992)—. A decir verdad, no descartamos que búsquedas más detenidas rebajen más aún ese límite altitudinal y nos deparen, en este macizo tan poco explorado en lo botánico, otros casos incluso más llamativos de pedinosis. Dará idea de lo excepcional del sitio el hecho de que cuando se produjo nuestro hallazgo, en pleno solsticio de verano, las de la ártico-alpina *Viola biflora* L. eran casi las únicas flores abiertas.

En lo tocante a ortografía, aclaremos —contra lo impreso por *Flora iberica* («*brauniana*»)— que el restrictivo específico homenajea a Franz Anton Alexander von Braune; lo cual, en aplicación del artículo 60.9 del ICN vigente —según explicita o poco menos el ejemplo 31—, impone la grafía aquí adoptada.

*Dasiphora fruticosa (L.) Rydb. s.l. (≡ Potentilla fruticosa L.)

LEÓN

Cabrillanes, La Vega de Viejos [La Veiga de Viechos], arroyo del Campo, 42°57'35,74"N 6°13'39,47"W, 1290 m, *Rodríguez Berdasco*, 15-VIII-2017 (phot.).

Límite occidental de la especie, por el momento. Aparecen unos cuantos ejemplares en la parte más meridional de esa extensa planicie aluvial, sometida a desbroces regulares para mantener los pastos: en condiciones naturales, sin actividad zooantropógena, aquello se haría un denso argomal de *Genista anglica* L. s. str. y, en último término, un bosque más o menos cerrado —en ese sitio, en virtud de lo expuesto por FERNÁNDEZ PRIETO & *al.* (2023: 109, 115), se esperaría uno un mosaico de grano fino, generado por el revoltijo litológico con el que el arroyo ha ido rellenando esa vega a base de lo arrancado de su abigarrada cuenca, de abedulares y fresnedas, o acaso una formación mestiza entre esas dos, en todo caso inhabitable o poco menos para nuestra planta—. Así las cosas, los daños infligidos por dichos desbroces en ciertos ejemplares de tan llamativa rosácea, incompatibles con una aplicación rigorista del amparo legal que le otorga la Junta de Castilla y León, acaban por ser beneficiosos para su persistencia a largo plazo en este concreto sector.

Rosa andegavensis Bastard

ASTURIAS

Oviedo, Folgueres, 43°23'57,64"N 5°52'27,27"W, 316 m, orla de un prado de diente, *Rodríguez Berdasco*, 30-VI-2020; Tineo, entre Tourayo y Espinareo, 43°14'57,42"N 6°21'7,84"W, 405 m, ladera calcárea soleada, *Rodríguez Berdasco*, 23-V-2021 (JBAG-Laínz 22176).

Microespecie incluida en el catálogo asturiano de FERNÁNDEZ PRIETO & *al.* (2014: 197), aun cuando no conocíamos citas asturianas concretas. En FCO, según se muestra en la GBIF, tampoco parece haber material de respaldo.

Rosa glauca Pourr.

ASTURIAS

Quirós, enfrente del Güertu'l Diablo, 43°3'45,89"N 5°57'44,24"W, 1560 m, sobre calizas, *Rodríguez Berdasco*, 16-VII-2016 (JBAG-Laínz 22236).

LEÓN

Boca de Huérgano, pr. Barniedo de la Reina, valle de Guspiada, 43°1'10,95"N 4°54'8,29"W, 1215 m, borde de camino, *Rodríguez Berdasco*, 22-VII-2018 (JBAG-Laínz 22237).

Rosal orófilo cuya distribución ibérica comprende, además de nuestra Cordillera, el Pirineo y, según acabamos de saber —cf. SÁNCHEZ-VILLEGAS & *al.* (2022: 27)—, el Sistema Central.

Por aquí es raro: de Asturias solo se conocía de Somiedo —cf. Fernández Prieto & Vázquez (2009: 320, sub *R. ferruginea*)—; y, en León,
de tres localidades de la parte occidental de la provincia, en las comarcas
de Babia y Luna —cf. Argüelles & *al.* (2005: 159, sub *R. ferruginea*);
del Egido & *al.* (2011: 192; 2012c: 300)—. En nuestra nueva localidad,
oriental, tan solo nos salió al paso un ejemplar, aunque hemos de suponer
que alguno más habrá.

Admitida por el Comité la propuesta de Calvo & *al.* (2015), el binomen
Rosa ferruginea ha sido arrojado al Tártaro del Apéndice V del ICN, y
ya no puede usarse.

Alchemilla connivens Buser

ASTURIAS

Peñamellera Baja, pr. Merodio, la Guareña, 43°17'54,42"N 4°32'45,06"W, 495 m,
Rodríguez Berdasco, 9-v-2021 (JBAG-Laínz 22170).

Con paciencia seguimos a Fröhner (1998) para llegar a esta especie,
la cual se vio en lugares más o menos húmedos y en todo tipo de subs-
tratos. Es de destacar la baja altitud de esta población, dada la tendencia
orofítica de nuestras alquimilas. Para la región tan solo se conocían las
localidades recogidas en Aedo & *al.* (1994: 78), más la sociológica de
Rodríguez Guitián & *al.* (2009: 613-614).

Antes de abandonar del género, señalemos como erróneas las referencias cántabras de *Alchemilla alpina* L. admitidas en el catálogo picoeuro-
peaño de Alonso Felpete & *al.* (2011: 46), relativas al núcleo calcáreo del
macizo central de los Picos de Europa: hemos visto, en concreto, el pliego
MA 658886, y ha de llevarse a lo que *Flora iberica* llama *A. catalaunica*.
Los pliegos de SEV, incluso sin esta última constatación (véase nuestra
página 115), deberían haberse puesto en cuarentena, como también la
incidental y primitiva mención de Leresche & Levier, hecha antes de que
el descubrimiento de la apomixis disparase la inflación taxonómica en
el género a partir del ingenuo esquema triespecífico de Linneo y pusiese
fin a los tiempos dichosos en los cuales, en la práctica, lo que no era ni *A.
vulgaris* ni *A. pentaphyllea* era *A. alpina*. La verdadera *A. alpina* linneana
será cántabra con toda probabilidad; pero, como el catálogo de Durán

Gómez (2014: 203) —muy bien resuelto en términos absolutos y más aún por comparación con otros como el arriba aludido— hace muy bien en señalar, no consta todavía como tal.

Sanguisorba lateriflora (Coss.) A. Braun & C.D. Bouché

LEÓN

Reyero, hacia Pallide, cerca del embalse del Porma, 42°57'3,74"N 5°14'32,08"W, 1102 m, margas húmedas, *Rodríguez Berdasco*, 13-VII-2019 (JBAG-Laínz 22248); Prado de la Guzpeña, pr. Cerezal, 42°46'45,29"N 4°59'52,94"W, 1003 m, sobre margas compactadas, por ende mal drenadas, *Rodríguez Berdasco*, 3-VII-2021 (phot.); Cistierna, Valmartino, 42°47'16,72"N 5°6'15,92"W, 1010 m, ladera margosa rezumante temporalmente, *Rodríguez Berdasco*, 3-VII-2022.

Notable endemismo ibérico, nuevo para territorio leonés, y que tiene por aquí su límite occidental de distribución.

Torminalis glaberrima (Gand.) Sennikov & Kurtto (=Sorbus torminalis L.)

ASTURIAS

Las Regueras, Las Ablanosas, 43°25'10,19"N 6°1'0,81"W, 230 m, barranco silíceo, *Rodríguez Berdasco*, 23-X-2016 (JBAG-Laínz 22243); Belmonte de Miranda, entre Cigüedres y Quintanal, 43°13'19,70"N 6°16'13,42"W, 840 m, en orla arbustiva dominada por *Corylus avellana* y *Aria edulis* (=*Sorbus aria*), sobre calizas, *Rodríguez Berdasco*, 15-X-2017 (phot.); ibid., Almurfe, 43°11'43,40"N 6°16'44,33"W, 575 m, claros de encinar sobre calizas, *Rodríguez Berdasco*, 16-VI-2018; Ponga, Tolivia, collada Cociyón, 43°9'22,82"N 5°5'25,07"W, 830 m, bosquete mixto sobre calizas, *Rodríguez Berdasco*, 16-X-2021; Cangas de Onís, Covadonga, la Matona, 43°18'20,47"N 5°3'12,85"W, 350 m, bosque mixto sobre calizas, *Rodríguez Berdasco*, 23-X-2022.

En la localidad de Las Regueras se vieron varios ejemplares de porte arbóreo, en un barranco poblado por, entre otras cosas, *Tilia platyphyllos* Scop. y la siempre llamativa *Woodwardia radicans* (L.) Sm. Es, además, una de las tres localidades asturianas en las que se ha visto la especie sobre sílice, junto a la de Rodríguez Guitián & *al.* (2003: 318) —en el hayedo del que habrá tomado el nombre la localidad valdesana de

Faéu— y una boalesa señalada en ANTHOS como procedente de una memoria inédita de datos corológicos cantábricos aportados por Carlos Aedo. En torno a esta segunda hemos visto la especie en abundancia extraordinaria a lo largo y ancho del llamado Monte Froseira, un extenso bosque que, aunque hoy dedicado en su mayor parte al castaño bravo, en su día debió de ser una de las mayores «carballeiras» asturianas, con una gran abundancia también de madroño (*Arbutus unedo* L.). Si se dejan las cosas como están, no tardará el roble —primero los romanos y después la herrería del pueblo homónimo lo esquilmaron casi por completo— en ocupar el espacio perdido: su avance allí es imparable ante el retroceso, por plagas varias, del castaño. También se pueden ver las hayas (**Fagus sylvatica** L.) espontáneas más occidentales que hemos visto en Asturias: hacia la cumbre de A Zoreira hay algún rodalillo, y se ve aquí y allá algún ejemplar joven y brinzales en otras partes del monte, bajando como quien dice hasta el mismo río Ourubio. No descartamos, de todos modos, que el haya avance en el Principado un poco más hacia el oeste y aparezca en alguna «carballeira» de la vertiente norte de la llamada Serra da Bobia: no confirman este pronóstico, explicitémoslo, el muy visible trío de ejemplares en la bajada del puerto de A Garganta hacia los Oscos: alineados y coetáneos, amén de aledaños a un caserío, tienen toda la pinta de haber sido plantados.

En punto a nomenclatura, sólidas pruebas moleculares nos llevan a acatar la secesión en el seno del concepto tradicional de *Sorbus*: mantenerlo en aras de una cómoda síntesis impondría remontarse hasta el aún mucho menos digerible extremo de reunir bajo un único género a perales, manzanos y serbales, entre otras muchas rosáceas leñosas —cf., v. gr., ULASZEWSKI & *al.* (2021).

Prunus mahaleb L.

ASTURIAS

Vegadeo, pr. Guiar, 43°24'27,10''N 7°5'32,74''W, 150 m, orla e interior de un bosquete mixto, *Rodríguez Berdasco*, 28-III-2021.

Aunque frecuente y hasta común en los fondos de valle calcáreos del interior asturiano, en el sector más occidental, a poniente de Somiedo, donde el roquedo silíceo predomina de forma abrumadora, este cerezo silvestre es una auténtica rareza, acantonada en algunos de los raros afloramientos calcáreos (caso de la Penona de Xalón) y, sobre todo, en las pizarras más caldeadas de la cuenca media del Navia (muy raro al norte de la presa de Salime) y del Narcea (entre Portiella y Villanueva de Surriba, con algún rodalillo de interés enfrente de Villar de Llanteiro). Con todo, si nos animamos a señalar esa localidad veigueña no es tanto por su interés corológico como por la monumentalidad de algunos de los ejemplares: merece la pena verlos *in situ*…

Prunus lusitanica L.

CANTABRIA

Ruesga, Monte de Valle —pequeña canal al E de Yaguíos cerca de la cresta sobre el barrio de Helguero—, pr. Vegacorredor, 30TVN5990, 240 m, en el seno de encinar con caducifolios en el fondo de pequeña dolina poco profunda, de cierta amplitud —todo el conjunto orientado al norte—, sobre suelos calcáreos, *Moreno Moral* MM0006/2015, 17-I-2015 (herb. Sánchez Pedraja & herb. MA) —tan solo se vio un ejemplar, espléndido, de cerca de 15 m de altura, aunque de tronco delgado de unos 15 cm de diámetro; en la vecindad, *Quercus ilex, Torminalis glaberrima* (=*Sorbus torminalis*), *Castanea sativa, Ilex aquifolium, Phillyrea latifolia, Quercus robur*…—; ibid., los Hoyos —junto a la cabaña de los Yaguíos, en el Monte de Valle [de Ruesga]—, pr. Vegacorredor, 30TVN5990, 300 m, dolinas poco profundas y abiertas con algunos caducifolios, principalmente hayas, en el seno del encinar sobre calizas, en vertiente de orientación general NE, *Moreno Moral* MM0007/2015, 7-III-2015 (herb. Sánchez Pedraja & herb. MA); ibid., *Moreno Moral*, 18-IV-2015 —no se han detectado aún ejemplares con flores; se han contado aproximadamente 50 pies, casi todos de escasa talla y siempre unidos a enclaves con caducifolios, teóricamente más frescos, de suelos más profundos, y no al resto del monte en el que predominan los perennifolios—; Villacarriedo, Padernia —bajo la Maza—, pr. El Corral —Santibáñez—, 30TVN3187, 190 m, talud sobre suelos silíceos, orientado al norte, en el fondo muy umbrío de pequeño vallejo cubierto de vegetación —*Quercus robur, Fraxinus excelsior, Ilex aquifolium, Castanea sativa*…—, *Moreno Moral* MM0092/2015, 1-XI-2015 (herb. Sánchez Pedraja) —únicamente dos pequeños ejemplares juntos, de unos 2,5 m de altura y muy escaso grosor.

A raíz de los hallazgos que ulteriormente se dieron a conocer con detalle —cf. DURÁN GÓMEZ (2014: 210)— hemos insistido en las prospecciones en el valle de Ruesga para tratar de confirmar la histórica cita de Laguna (1890: 226, 2.ª ed. Segunda parte): «… lo hemos recibido de Navarra, recogido en el Valle de Vertizarana por el Sr. Lacoizqueta, y de Santander, remitido por el Sr. D. Pedro Sáinz, de los montes del Valle de Ruesga».

Lo de *los montes del Valle de Ruesga* —tampoco sabemos a ciencia cierta si eso fue lo anotado por Pedro Sainz en la etiqueta del pliego que, hemos de suponer, remitió a Laguna— hemos venido interpretándolo como una indicación geográfica vaga, poco precisa, referida al conjunto del valle. Ello puede chocar un tanto en el caso de Pedro Sainz Gutiérrez pues había nacido, en 1824, en uno de los pueblos ruesganos: Ogarrio. Por esta razón y porque parece no perdió nunca la vinculación con su aldea natal, a la que debía acudir en los veranos, se le supone un cierto dominio de la toponimia de Ruesga. Lo avalaría la localidad *Peña de Rocías-Ruesga* en un pliego de *Hepatica triloba*, de 1878, existente en el Herbario Español de la Facultad de Farmacia; más aún refrendaría el conocimiento de la microtoponimia local ese *Peña de Rocías (Hoyo masayo)* en otro de *Taxus baccata*, de agosto de 1879, en el citado herbario. El tal topónimo no estaba, y menos en aquellos tiempos, al alcance de cualquiera: p. ej., en la hoja 59 (Villacarriedo) del Instituto Geográfico y Catastral editada en 1953 todavía había que leer *Hoyo del Basayo*.

Los esfuerzos de Carlos Aedo y José Pizarro (herbarios MA y MAF), encaminados a encontrar la hipotética recolección de *Prunus lusitanica* para, en primer lugar, comprobar qué escribió exactamente Pedro Sainz en su etiqueta, han resultado vanos. C. Aedo nos localizó en MA una docena de pliegos del de Ogarrio, todos de helechos, y todos, al parecer, procedentes de esa misma localidad: *Ogarrio*. Ignoramos si fue Sainz quien les adjudicó tal indicación —en el caso de *Osmunda regalis*, y más aún en los de *Stegnogramma pozoi* y *Woodwardia radicans*, la susodicha estación, como hemos comprobado en repetidas ocasiones, es muy problemática— o fue idea de quien rehízo las etiquetas, en razón a la procedencia de su colector. Tampoco J. Pizarro ha podido dar con ella; pero sí ha sacado a la luz (MAF 48507) una de las herborizaciones de Lacoizqueta de este *Prunus* —sub *Cerasus lusitanica*— en las márgenes del Bidasoa, el 5-VII-1879. Roberto Gamarra (*comm. pers.*, 2-II-2009) nos aseguraba que según sus datos tan solo en MA y MAF existirían pliegos del ruesgano. Ni Ramón Santiago Beltrán (Prunus lusitanica L. *en la*

Península Ibérica. Tesis Doctoral. Universidad Politécnica de Madrid, 2002), ni Juan Antonio CALLEJA ALARCÓN (*Geobotánica, estructura demográfica, conservación y biología predispersiva de* Prunus lusitanica L. *(loro) en la Península Ibérica*. Tesis doctoral. Universidad Autónoma de Madrid, 2006), con quienes se contactó, saben nada de la presunta recolección.

Así las cosas, el encuentro de estos ejemplares de *Prunus lusitanica* en el monte de Valle de Ruesga —monte de Valle es el nombre asignado a la mancha forestal de la que estamos tratando en el mapa 1:20.000 «Macizo de Hornijo» editado en 1996 por la consultoría de medio ambiente CETYMA, cuyo trabajo toponímico es más completo y correcto que el del IGN— nos vuelve a hacer dudar de una supuesta imprecisión en la localidad dada, en hipótesis, por Sainz Gutiérrez. Como es natural, no lo podemos afirmar con absoluta rotundidad, pero creemos estar ante el monte —a menos de 4 km de Ogarrio, hacia el SE, en línea recta— donde Pedro Sainz descubrió el loro hace siglo y medio, poco más o menos.

La última de las localidades citadas no pertenece a la cuenca del Asón, única donde hasta ahora se había encontrado *P. lusitanica* en Cantabria, sino a la más occidental del río Pas.

Argyrolobium zanonii (Turra) P.W. Ball

LEÓN

Entre La Ercina y Acisa de las Arrimadas, 42°48'30,11"N 5°14'23,15"W, 1115 m, orla de encinar sobre calizas, en una ladera orientada al sur, *Rodríguez Berdasco*, 29-VI-2014 (JBAG-Laínz 22151).

La habíamos herborizado con anterioridad, en el mismo ambiente, en un lugar palentino relativamente cercano, en Castrejón de la Peña (JBAG-Laínz 18240). No conocemos cita, empero, para León.

Astragalus monspessulanus L. subsp. gypsophilus Rouy

LEÓN

San Cristobal de la Polantera, pr. Paradilla de la Vega, 42°24'45,59"N 5°57'11,17"W, 830 m, ladera muy seca y soleada, sobre suelos margoso-arcillosos, *Rodríguez Berdasco*, 18-V-2022 (JBAG-Laínz 22172) et 7-VI-2022 (JBAG-Laínz 22173).

Novedad provincial. La primera recolección, en flor, nos despistó un tanto, y fue preciso volver en busca de material fructificado antes de caer en la cuenta de lo que teníamos entre manos. Raza —si no es algo más— en verdad llamativa, muy bien caracterizada en lo ecológico y en lo morfológico. Aparte de los caracteres invocados en la clave de FLORA IBERICA —cf. PODLECH (1999: 331)— y en la de AIZPURU & al. (1999: 302, ut subsp. *teresianus*), también su hábito nos parece diverso del *monspessulanus* típico, muy extendido por las calizas de la Cordillera (con límite occidental en la Penona de Xalón, Cangas del Narcea, Asturias).

Vicia lathyroides L.

ASTURIAS

> Somiedo, Santa María del Puerto, 43°01'39,6"N 6°13'54,1"W, 1500 m, parte alta de los muros que arman el camino hacia la Veiga Cimera y la de Penouta, *Carlón Ruiz*, 5-v-2023 (JBAG-Laínz 22218).

El hallazgo se produjo el día exacto en que el P. Laínz cumplió los 100 años, mientras preparábamos la excursión colectiva celebrada en su homenaje al día siguiente. La especie no figura como asturiana ni en FLORA IBERICA —cf. ROMERO ZARCO (1999: 378)— ni en el catálogo regional de referencia —cf. FERNÁNDEZ PRIETO & al. (2014: 236)—, pero supimos por la GBIF de la existencia en el herbario Barnades (BC-Bernades-972292) de un presunto testimonio asturiano, debido nada menos que al protobotánico asturiano Esteban de Prado. Mucho nos hubiese complacido poderle ofrecer a nuestro maestro, en ocasión tan pintiparada, al cabo de algo así como 260 años y revestida de un envoltorio dieciochesco tan entrañable —cf. LAÍNZ (1988a)—, esta pequeña adición a la flora de Asturias. Mas la imagen llegada de Barcelona merced a las amables gestiones de Neus Ibáñez deja claro, en el gran tamaño de la flor y los frutos, que lo herborizado por el mierense en el consabido «Puerto del Aramo» es la general *Vicia pyrenaica* Pourr.

El error en la determinación pudo ser, a juzgar por la caligrafía, cosa de Barnades padre, si bien justo por encima de la pequeña muestra se lee, bajo la fórmula «Vicia Linn.», la adición «lathyroides L.» escrita por otra mano que, vista la figura 1 de IBÁÑEZ & al. (2009), bien podría ser la de Pavón. La otra cara del pliego contiene, de forma típica en ese herbario, una determinación en la parte superior («Vicia Lathyroides»), acaso escrita por la misma mano que trazó el nombre genérico en la otra cara —cuyos rasgos son, lo adelantábamos, mejor o peor compatibles con los ejemplos de la escritura de Barnades padre presentados por IBÁÑEZ & *al.* (*op. cit.*)— y la clásica fórmula geográfica («Ex Mont. Puerto del Aramo dict. apud Astures») escrita por una mano que no alcanzamos a reconocer, como tampoco lo logran IBÁÑEZ & *al.* (*op. cit.*: 48): la letra no nos parece encajar ni con la auténtica del propio Esteban de Prado —cf. LAÍNZ (1988a: 57)— ni con la del texto análogo que a él se le atribuye en GONZÁLEZ BUENO & *al.* (2015: 118), la cual nos parece coincidente con la de las observaciones taxonómicas escritas en esa misma cara del pliego estudiado por estos últimos autores, y que no sería la de Esteban de Prado pero tampoco, nos parece, la de Lagasca.

Lucubramos acerca de quién hizo qué, por supuesto, más por satisfacer nuestra curiosidad histórica que por depurar la responsabilidad de un error no solo prescritísimo sino muy comprensible en aquel momento: la especie pourretiana no fue descrita hasta 1801 —e incluso entonces, mediante un protólogo todo lo válido que se quiera pero muy escueto, sin alusión ninguna a la clamorosa diferencia en el tamaño floral y hasta erróneo al dar la planta por anual—, lo cual hacía aún más natural atenerse sin mayores vacilaciones al nombre linneano al que va uno de cabeza si acude a la por entonces casi única y nada desfasada fuente del *Species Plantarum* en busca de binomen para esa muestra de flores solitarias, sésiles, axilares, legumbres erectas y glabras y foliolos más o menos obcordados. Sin el auxilio de las floras ilustradas y de los nutridos herbarios hoy al alcance de la mano —con todo insuficientes, lo hemos visto, para evitar mil y un errores—, era sumamente fácil pasar por alto algo que, de habérsele prestado suficiente atención, hubiese supuesto una destacada novedad taxonómica.

Así las cosas, nuestro acaba por ser, aun de manera un sí es no es decepcionante, todo el mérito de esta novedad provincial, más bien anodina: la especie, ampliamente distribuida por nuestra Península y por Europa, es bien conocida de las comarcas leonesas inmediatas a la localidad asturiana de la que la citamos, fronteriza hasta el punto de verter sus aguas en el Sil.

Ahora bien, la inesperada implicación de Esteban de Prado en esta minucia nos da ocasión de complementar lo magro de su interés corológico con un apunte histórico cuando menos curioso, descubierto hace poco por puro azar: en su crónica del viaje de 1760 que lo acabaría llevando a la Nueva Granada y a todo cuanto vino después, Celestino Mutis declara haber partido de Madrid en la compañía de «Esteban [de] Prado, criado de D. Miguel de Barnades» —cf. Gredilla (1911: 401; en la página 412 se recoge el testimonio de Mutis según el cual el asturiano se habría arredrado ante la Sierra Morena, lo que ya choca en quien no mucho después fue capaz de alcanzar, o poco menos, la cima de Peña Ubiña)—. Persisten muchas de las viejas preguntas y surgen otras nuevas: ¿De qué naturaleza fue la relación laboral entre el médico catalán y nuestro asturiano? ¿Cómo es que este último estaba en Mieres, como mínimo, en 1767, cosa de 4 años antes de la muerte del primero, que es cuando podría uno explicarse mejor el cese de dicha relación y el regreso a su presunta localidad natal? Que anduviese yendo y viniendo alegremente de vacaciones, en aquellos tiempos, resulta inconcebible por muchas razones. ¿Será que, al ascender en 1764 al cargo de primer profesor del Real Jardín Botánico, Barnades se pudo permitir enviar a Asturias, como colector *full time*, a ese subalterno suyo de cuya presencia regular en Madrid acaso habría precisado hasta entonces para sus quehaceres médicos en la corte, no poco cualificado a juzgar por su caligrafía y de cuya experiencia botánica sabemos por el testimonio de Mutis, discípulo a la sazón del propio Barnades? Esa subordinación personal tan manifiesta bien podría haber contribuido a la sistemática omisión de la identidad de nuestro colector —cf. Laínz (1988a: 55)— por parte de quien era al parecer, así como suena, su amo.

Tras la muerte de Barnades en 1771, ya fuera por mera inercia o en atención a un prestigio ganado, la actividad del mierense como proveedor del *Hortus Regius*, entonces con Gómez Ortega ya al mando y con Palau como su mano derecha, prosiguió, como sabemos, hasta 1778, cuando se recortó por donde se suele en España y se suprimieron los «salarios de los correspond(ientes)». Luego, hasta su repentina muerte en noviembre de 1783, el bravo explorador de Ubiña y el Aramo, descubridor de tantas maravillas —cf. Laínz (1963a)—, permaneció en Mieres, forzado a malvivir no sabemos ni cómo y deseoso de volver a sus botánicas andadas, según evidencia la carta que sirvió de eje al discurso doctoral de Laínz en 1985 —cf. Laínz (1988a)—; carta tras cuya sosegada apariencia bien podría ocultarse la petición de auxilio de quien carecía de los medios no solo para aliviar la pobreza material sino para saciar una sincera sed de montes y plantas con la que hasta los botánicos de hoy —tan distantes no solo por el mero paso del tiempo sino, sobre todo, por el cambio radical de perspectiva traído por la motorización generalizada— no podemos más que identificarnos y conmovernos.

Ononis striata Gouan

LEÓN

> Prado de la Guzpeña, 42°52'16,25"N 4°58'9,77"W, 1050 m, loma calcárea, sobre arcillas de descalcificación, *Rodríguez Berdasco*, 26-VI-2022 (JBAG-Laínz 22218).

Sirva esta indicación precisa y respaldada para confirmar, al faltar en LEB materiales y al no dar *Flora iberica* —cf. Devesa (2000: 609)— la especie por leonesa, la muy verosímil cita del sabinar de Crémenes hecha por Losa & Montserrat (1953: 393). Otro par de citas más occidentales que recoge Anthos ya nos parecen menos creíbles, aunque solo sea porque en los catálogos florísticos de los cuales proceden falta especie tan común en la vertiente meridional de nuestra Cordillera como *Ononis pusilla* L., pero figuran otras tan inauditas como *O. minutissima* L. y *O. mitissima* L.

Onobrychis reuteri Leresche

CANTABRIA

> Tudanca, junto al collado entre el Cuchillón y el Cuchillón de Brañalluenga —sobre el Valleju Brañalluenga—, 30TUN9176, 1130 m, pastizal-matorral en ladera soleada con afloramientos rocosos calizos en bandas, *Moreno Moral* MM0027/2014, 15-VIII-2014 (herb. Sánchez Pedraja & JBAG-Laínz 21514) — muy abundante; la especie ocupa un puesto relevante en la composición de los pastos de este lugar—; Lamasón, sobre Juldupe, pr. Quintanilla, 30TUN7685, 1040 m, pasto en repisas en vertiente soleada con afloramientos calizos, *Moreno Moral*, 19-X-2014; ibid., al W de Peñarajo —junto al Colláu la Concha—, pr. Quintanilla, 30TUN7685, 1030 m, pasto entre afloramientos calizos en

vertiente soleada, *Moreno Moral* MM0042/2014, 19-x-2014 (herb. Sánchez Pedraja) —pequeña población—; ibid., vertiente sur de Peñarajo —sobre Sel de los Tombos—, pr. Quintanilla, 30TUN7785, 1020 m, pastizal soleado sobre calizas, *Moreno Moral*, 19-x-2014 —se ven algunos ejemplares (solo hojas).

Al amparo de estos bancos de calizas abrigadas, pero a no escasa altitud, la especie —hasta el momento la teníamos por submediterránea y limitada, en Cantabria, a Campoo— se adentra y mucho en la vertiente cantábrica, quedándose a 20 km en línea recta de la costa, en un valle de clima tan indudablemente atlántico como es Lamasón.

En *FLORA IBERICA* —cf. VALDÉS (2000: 960)— quedó indicado el siguiente margen altitudinal: (100)1000-1200 m. Lo de los 100 m ha de ser un error; a la especie no se le ha visto hasta el momento por debajo de 600 m, siendo lo más frecuente encontrarla por encima de 800 m.

Trifolium lappaceum L.

ASTURIAS

Llanera, La Morgal, 43°26'4,31"N 5°49'32,46"W, 160 m, zona encharcada temporalmente, suelos margoso-arcillosos, *Rodríguez Berdasco*, 25-vi-2013 (JBAG-Laínz 20314).

No conocemos ninguna cita asturiana, ni parece haber materiales inéditos en FCO. Aunque la descripción en ella inquiete un poco —esa alusión a unas cabezuelas bastante gruesas nos choca tanto como el hábitat que se le atribuye («bordes de caminos»)—, la especie figura en la flora asturiana de MAYOR & DÍAZ GONZÁLEZ (1977: 447), lo que pudo animar a FERNÁNDEZ PRIETO & *al.* (2014: 229) a incluirla en su catálogo asturiano, si bien como alóctona naturalizada. Ahora bien, cuesta creer que se haya asilvestrado en Asturias una planta como esta, sin valor ornamental y cuya utilidad como cultivo forrajero, por lo especializado de su nicho edáfico —suelos mal drenados, margosos o arcillosos—, es por fuerza muy limitada en la España atlántica, donde la especie es toda una rareza —cf. AIZPURU & *al.* (1999: 327); AMIGO & RODRÍGUEZ GUITIÁN (2010: 61)—. Desde luego, en nuestra localidad —confirmación, al cabo, de la alusión de MAYOR & DÍAZ GONZÁLEZ (*loc. cit.*) a los «Vall[es] C[entrales]»— tiene todos los visos de ser una planta por completo autóctona.

Convive allí, por cierto, con *Trifolium squamosum* L. —de apetencias ecológicas similares— y con el más extendido *T. resupinatum* L., el cual sí se utiliza como planta forrajera, sobremanera la var. *majus* Boiss. que, casualidades de la vida, nos salió al paso ese mismo día en un prado cercano, en rotación con ballico. Variedad ésta de gruesos tallos fistulosos, muy robusta y llamativa y que, si se planta, será tan apetecible y nutritiva para el ganado como aparenta, pero incapaz al parecer de asilvestrarse si hemos de juzgar por lo visto en las inmediaciones de ese sembrado.

Trifolium micranthum Viv.

ASTURIAS

Teverga, Taxa, la Veiga Cueiro, 43°10'40,74"N 6°11'12,61"W, 1295 m, orla de herbazal higrófilo, *Rodríguez Berdasco*, 8-VII-2018 (JBAG-Laínz 22196).

Vamos perfilando su distribución provincial —cf. NAVA (1980: 111)—. Conocemos la cita de MARTÍNEZ (1935: 24), de la localidad corverana de Cancienes, sobre la cual uno no sabe muy bien qué pensar: no cabe dudar de las buenas intenciones de D. Cesáreo, pero lo cierto es que incluso indicaciones medianamente verosímiles como esta lo inquietan a uno cuando proceden de alguien capaz de citar el *Trifolium badium* Schreb. de la vía férrea entre Oviedo y Lugones, la *Genista triacanthos* Brot. entre Candás y Luanco y —¡casi nada!— el *Ranunculus seguieri* Vill. de la ería del Piles (Gijón).

Trifolium strictum L.

ASTURIAS

Peñamellera Baja, Cuñaba, 43°17'42,89"N 4°37'56,30"W, 600 m, césped rico en terófitos, sobre arcillas de descalcificación, junto a un encinar, *Rodríguez Berdasco*, 27-IV-2014 (JBAG-Laínz 20340).

Especie que en la península ibérica tiene una distribución claramente mediterránea, siendo ésta, nos parece, su localidad más septentrional. De Asturias sólo hay una cita degañesa —cf. LASTRA & MAYOR (1997: 153).

Trifolium cernuum Brot.

ASTURIAS

Ibias, entre Santesteba y Bustelo, 42°59'55,72"N 6°49'52,12"W, 550 m, en una senda, sobre esquistos descarnados y temporalmente húmedos, *Rodríguez Berdasco*, 26-v-2019 (JBAG-Laínz 22217).

Se aporta una segunda localidad asturiana de esta especie mediterráneo-macaronésica. La primera —cf. Álvarez & Morey (1978: 100-101)—, próxima a la nuestra, es probable que haya desaparecido ante el abandono de esos prados guadañables de la solana del valle cangués del Couto, hoy convertidos en su mayoría en monte bajo o en pinares de *Pinus radiata* D. Don.

Un último apunte, colofón a los tréboles y a las leguminosas todas: el pliego de JACA en virtud del cual Alonso Felpete & *al.* (2011: 250) dan por buena la presencia de *T. pallescens* Schreb. en los Picos de Europa —pliego que constituiría la única referencia no solo picoeuropea sino cantábrica de la especie— está actualmente archivado en Jaca, según cabía esperar, como *T. thalii* —cf. Laínz (2000: 193).

Thymelaea passerina (L.) Coss. & Germ.

LEÓN

Prado de la Guzpeña, pr. Cerezal, 42°46'48,57"N 4°59'46,33"W, 1000 m, en un camino, substrato margoso, *Rodríguez Berdasco*, 30-vi-2018 (JBAG-Laínz 22184).

Para la provincia tan solo nos consta una vetusta cita berciana —cf. Willkomm & Lange (1861-1862: 298)—, referida a localidad que, aunque muy aislada, parece perfectamente creíble: ahí se definen con suma precisión las apetencias ecológicas de la planta.

Epilobium brachycarpum C. Presl

ASTURIAS

Ibias, márgenes y apartaderos de la carretera entre Bustelo y Alguerdo, 29TPH7862, 500 m, *Carlón Ruiz & Rodríguez Berdasco*, 15-iv-2022 (JBAG-Laínz 22157).

Primera cita para una de las ya pocas provincias españolas hasta las que no constaba haber llegado la onda expansiva de este neófito de origen norteamericano —cf. Izco (2021)—. Que la especie aparezca en ese sitio, tanto por concomitancias biogeográficas como por estrechos contactos socioeconómicos con los territorios leoneses y gallegos próximos, en cuya red viaria y ferroviaria está ya muy asentada, era de esperar. Otra cosa es si será capaz de extenderse por el resto de Asturias, de verano menos cálido y soleado; si bien nos tememos que, máxime en los suelos despejados y compactados de los bordes de carreteras y vías férreas, estos posibles inconvenientes climáticos, incluso de persistir en las próximas décadas, no representarán un obstáculo muy serio para la proliferación de la especie, cuya amplia difusión por la Europa central es testimonio de una cintura ecológica no poco amplia.

Geranium pusillum L.

ASTURIAS

Cangas del Narcea, Tremao'l Couto, 43°7'43,24"N 6°36'59,50"W, 440 m, en un prado seco de diente, *Rodríguez Berdasco*, 12-VII-2020 (JBAG-Laínz 22200); Somiedo, Veigas, 43°6'11,13"N 6°12'50,66"W, 790 m, herbazal subnitrófilo en el interior del pueblo, *Rodríguez Berdasco*, 11-VI-2021 (JBAG-Laínz 22216).

Geranio humilde, acaso raro de veras pero que se insinúa como extendido en los valles interiores de Asturias, territorio para cuya flora, hasta donde sabemos, resulta nuevo —cf. Carlón & *al.* (2010: 35)—. La fácil confusión con *Geranium molle* L., con el que convive en la primera de las localidades indicadas, bien podrá haber distorsionado y seguir distorsionando nuestras ideas sobre su distribución regional. En Veigas lo vimos también en compañía de *G. pyrenaicum* s. str.

Sigue sin constar como asturiano, en cambio, ***Geranium pratense*** L., afirmación cierta incluso de ser correcta —como parece posible tan cerca de Riaño, cf. Losa España (1942: 184)— la cita admitida por Alonso Felpete & *al.* (2011: 135): el puerto del Pontón es leonés en sus dos vertientes. La especie, por razones que no acabamos de explicarnos, debe seguir teniéndose por muy escasa y localizada en nuestra Cordillera —cf. Laínz (1988b: 75); Aedo & *al.* (1994: 83).

*Eryngium viviparum J. Gay

LEÓN

Quintana del Castillo, parte suroeste del embalse de Villameca, cerca de la presa, 42°38'57,07"N 6°3'37,98"W, 1005 m, suelos pedregosos silíceos con aporte de fangos, temporalmente anegados por las aguas del embalse, conviviendo en algún paraje con *Plantago uniflora L. [≡ Littorella uniflora (L.) Ascherson], *Rodríguez Berdasco*, 1-XII-2018 (JBAG-Laínz 22183).

Raro y protegido endemismo íbero-armoricano —cf., v. gr., BUORD & al. (1999); AGUIAR (2003: 231-232); ROMERO & RUBINOS (2003); ROMERO & al. (2004b); MAGNANON & GUILLEVIC (2013); RODRÍGUEZ GARCÍA & al. (2015: 125-126); PUENTE GARCÍA & al. (2018: 156); DEL EGIDO & al. (2020: 214-215)— del que nunca está de más señalar nuevas localidades. Colonia, por cierto, muy nutrida.

ROMERO & REAL (2014) distinguen como subespecie *bariegoi* las poblaciones leonesas y zamoranas, mientras que las gallegas y las bretonas serían típicas —nada se dice de la única localidad portuguesa, transmontana ella, cf. AGUIAR (*loc. cit.*)—. En la gran población de Villameca se ven ejemplares con brácteolas, sí, más de 7 veces más largas que anchas, pero también —no pocas veces, e incluso en un mismo capítulo— con una relación longitud-anchura claramente inferior.

Aethusa cynapium L.

ASTURIAS

Somiedo, Villar de Vildas, 43°5'18,32"N 6°20'13,42"W, 880 m, en un huerto sembrado a patatas en ese momento, y algún ejemplar disperso por los caminos del pueblo, *Rodríguez Berdasco*, 28-VI-2015 (JBAG-Laínz 22244); Lena, Tuíza Riba, 43°1'40,70"N 5°55'7,37"W, 1225 m, por los caminos del pueblo, *Rodríguez Berdasco*, 4-VIII-2018 (phot.); Grado, Las Murias, en huerta a cultivo ecológico orientada al sur, conocida como la Hurtia, 43°18'24,59"N 6°4'42,74"W, 530 m, *Rodríguez Berdasco*, 23-III-2019.

Especie eurosiberiana, finícola en nuestro ámbito y cuyo límite occidental de dispersión queda hoy fijado en Somiedo. La localidad pontevedresa de Tuy recogida en el *Prodromus*, como ya dejaban entrever sus autores —cf. WILLKOMM & LANGE (1880: 54)—, es más que dudosa;

aunque no tanto como las llamativas poblaciones madrileñas ahí referenciadas, las cuales, de ser o haber sido ciertas, y habida cuenta de la distribución general de la especie, parece forzoso considerar asilvestradas.

Aunque incluso en ella las localidades conocidas se contaban con los dedos de una mano —cf. TÜXEN & OBERDORFER (1958: 45); NAVARRO (1976: 257); LAÍNZ (1976: 21); LASTRA & MAYOR (1978: 312)—, Asturias era ya la provincia cantábrica en la que la cicuta menor es más conocida, si bien ha de tenerse en cuenta, antes de empezar a buscar explicaciones a esa aparente singularidad asturiana, que la abundancia regional de la especie en todo el norte ibérico está probablemente subestimándose por confusión con otras umbelíferas: mismamente en Tuíza y en Villar de Vildas se la vio junto a la cicuta mayor (*Conium maculatum* L.), formando un dúo más que temible.

Hablando de umbelíferas y aludido NAVARRO, impugnemos sus menciones (*op. cit.*: 260) de *Peucedanum lancifolium* Lange para la sierra del Aramo y sus estribaciones. Tal endemismo íbero-armoricano, higrófilo, que últimamente se viene incluyendo, arguyendo criterios genéticos y moleculares, en el género *Thysselinum* Adans. —cf. SPALIK & *al.* (2003)—, es común en la costa occidental asturiana, llegando por el este a Soto del Barco —cf. AEDO & *al.* (1994: 84)—. Más raro es verlo, siempre en el occidente, tierra adentro: nosotros lo conocemos del nacimiento del río Cabornel, por encima de Barandón, hacia el pico Carondio, en herbazal megafórbico; y también de Ibias, en concreto de la sierra fronteriza de Barreiros. Es harto probable que Navarro lo confundiese con *Peucedanum carvifolia* Crantz ex Vill., silicófilo pero no higrófilo, más ampliamente distribuido y al que ahora, ante el polifiletismo de la circunscripción tradicional de *Peucedanum*, se prefiere sistematizar en el género *Dichoropetalum* Fenzl. —cf. PIMENOV & *al.* (2007).

Más confusiones: a pesar de lo dicho —cf. ARGÜELLES & *al.* (2005: 163)—, como ANTHOS la seguía y sigue incluyendo y el solícito ordenador la descarga como si tal cosa, ALONSO FELPETE & *al.* (2011: 158) dan por buena la ficticia cita asturiana de *Laserpitium gallicum*.

Bupleurum gerardi All.

ASTURIAS

Somiedo, pr. Santiago, 43°10'12,32"N 6°16'41,20"W, 500 m, en un camino que atraviesa un encinar, sobre calizas, *Rodríguez Berdasco*, 14-VII-2018 (phot.).

Segunda localidad provincial —cf. CARLÓN & *al.* (2014: 54).

*Helosciadium repens (Jacq.) W.D.J. Koch

ASTURIAS

Somiedo, Saliencia, parte alta de la Foz de los Arroxos, hacia los puertos de la Mesa, 43°5'5,41"N 6°6'46,40"W, 1490 m, *Rodríguez Berdasco*, 18-VIII-2015; Teverga, Taxa, la Veiga'l Prao, 43°11'2,17"W 6°10'40,49"W, 1260 m, humedal alcalino, *Rodríguez Berdasco*, 8-VII-2018; ibid., la Veiga Cueiro, 43°10'43,05"N 6°11'47,26"W, *Rodríguez Berdasco*, 8-VII-2018 (phot.).

LEÓN

Cabrillanes, Lago de Babia, pr. majada de Puñín, 42°58'31,28"N 6°11'10,49"W, 1450 m, en un rezumadero en la base de la Peña Grachera, *Rodríguez Berdasco*, 6-VIII-2007; ibid., en el desagüe del lago, 42°58'34,46"N 6°11'26,74"W, 1430 m, *Rodríguez Berdasco*, 29-VII-2023 (JBAG-Laínz 22272); San Emiliano, pr. Pinos, puertos de los Navares y de la Cubieḷḷa, 42°59'3,89"N 5°55'1,72"W, 1595 m, copioso en cursos de aguas remansadas, *Rodríguez Berdasco*, 26-VIII-2017 (phot.); Valdelugueros, puerto de Vegarada, 43°2'20,21"N 5°28'28,04"W, 1540 m, cuneta encharcada, *Rodríguez Berdasco*, 1-IX-2018 et 29-VII-2023 (JBAG-Laínz 22273).

Especie no siempre fácil de distinguir de su congénere, el común *Helosciadium nodiflorum* (L.) Koch, sobre todo en sus formas extremas. También en Cueiro, donde conviven, el más raro es el *H. repens* puro y típico, pues sí aparece y abunda todo un abigarrado conjunto de formas introgresivas de difícil adscripción. Sobre la complejidad del caso véase DESJARDINS & *al.* (2020).

Sison segetum L.

ASTURIAS

Lena, entre El Palacio y Felgueras, 43°7'39,52"N 5°47'46,05"W, 470 m, cuneta temporalmente encharcada junto a la carretera, *Rodríguez Berdasco*, 14-VI-2014 (JBAG-Laínz 20369) et 20-IX-2014 (JBAG-Laínz 20368).

Umbelífera rara y esquiva —en la onda de *Aethusa cynapium* L.—, conocida hasta ahora de una sola localidad asturiana —cf. LASTRA (1995: 117, sub *Petroselinum segetum*)—. También aparece por esas cunetas su hoy congénere *Sison amomum* L., planta común en Asturias —salvo en su parte occidental, pues aún no se lo ha visto al oeste de la penillanura tinetense y el valle del Pigüeña.

Ferulago capillifolia (Link) Franco

LEÓN

Cistierna, Fuentes de Peña Corada, 42°49'57,11"N 5°5'48,96"W, 1080 m, talud de pizarras junto a la carretera, en orla de rebollar, *Rodríguez Berdasco*, 3-VII-2022 (JBAG-Laínz 22247).

Este endemismo silicícola solo era conocido de unas pocas localidades del oeste provincial —cf. AEDO & *al.* (1993: 362, sub *Ferulago lutea* s.l.); DEL EGIDO & *al.* (2011: 188; 2012c: 299)—. Que *FLORA IBERICA* —cf. GARCÍA MARTÍN (2003: 343)— acierte al dar la especie por palentina, máxime a la vista de nuestra localidad leonesa de hoy, es perfectamente posible, pero ignoramos la base de esa indicación, curiosidad que una consulta al autor, al quedar sin respuesta, no pudo satisfacer.

Aprovechemos la ocasión para enmendar un feo error cometido en nuestra última entrega de esta serie —cf. CARLÓN & *al.* (2014: 56)—: *FLORA IBERICA*, al llamar a nuestra planta *F. capillaris*, no es la por otra parte superadísima regla de Kew lo que conculca —en todo caso, la aplica—, sino el mero principio de prioridad.

Cuscuta nivea M. A. García

LEÓN

Entre La Ercina y Acisa de las Arrimadas, 42°48'30,23"N 5°14'24,63"W, 1130 m, orla de un encinar, sobre *Fumana procumbens* (Dunal) Gren. & Godron, *Rodríguez Berdasco*, 29-VI-2014 (JBAG-Laínz 22152).

Especie delicada, de flores pequeñas y muy papilosas. Pasa desapercibida, pero no será una rareza en zonas calcáreas del piedemonte meridional de la Cordillera, al menos en su parte más oriental. Que viva a costa de una *Fumana* debe de ser, si no norma, sí algo habitual: véase, sin ir más lejos, el protólogo —cf. García (2012: 302)—. Novedad provincial.

Echium rosulatum Lange, s. str.

ASTURIAS

Tapia de Casariego, playa de Serantes, 43°33'20"N 6°58'27"W, 10 m, acantilados pizarrosos, *Rodríguez Berdasco*, 18-X-2011 (JBAG-Laínz 18383); Ibias, A Serra, 43°14'2,85"N 6°30'57,49"W, 825 m, herbazal a la entrada del pueblo, *Rodríguez Berdasco*, 8-VI-2014 (JBAG-Laínz 22156); ibid., pr. Cecos, 43°1'12,86"N 6°51'4,66"W, 290 m, *Rodríguez Berdasco*, 8-VI-2014; ibid., Sanantolín, 43°2'29,74"N 6°52'16,39"W, 300 m, *Rodríguez Berdasco*, 8-VI-2014; ibid., Seroiro, 43°3'43,69"N 6°49'37,40"W, 600 m, *Rodríguez Berdasco*, 8-VI-2014; ibid., Marentes, 43°4'54,47"N 6°54'4,60"W, 290 m, *Rodríguez Berdasco*, 19-VIII-2017; ibid., Ridiporcos, 43°4'42,80"N 6°56'32,25"W, 235 m, *Rodríguez Berdasco*, 19-VIII-2017; ibid. Bustelo, 42°59'36,45" 6°49'29,80"W, 350 m, en prado de diente por encima del río Ibias, *Carlón Ruiz & Rodríguez Berdasco*, 15-IV-2022; Castropol, parte alta de los acantilados de la playa de Penarronda, 42°58'59,43"N 6°49'51,64"W, 25 m, *Rodríguez Berdasco*, 9-II-2013 [visto allí mismo ya el 19-VIII-2002 por *Carlón Ruiz & Laínz*]; ibid., Figueras, 43°32'32,31"N 7°1'14,66"W, 32 m, *Rodríguez Berdasco*, 15-XI-2017; Cangas del Narcea, Tremao'l Couto, 43°7'41,30"N 6°37'3,39"W, 450 m, *Rodríguez Berdasco*, 5-X-2014 (JBAG-Laínz 22265); ibid, Bergame d`Arriba, 43°8'10,39"N 6°36'42,99"W, 660 m, 12-X-2015, *Rodríguez Berdasco*; ibid, Cibuyo, 43°7'7,6"N 6°34'50,36"W, 440 m, *Rodríguez Berdasco*, 8-IX-2015; ibid., Sierra de Castaneo, 43°6'5,75"N 6°35'58,22"W, 730 m, *Rodríguez Berdasco*, 8-IX-2015; ibid., entre Pontelinfierno y Tebongo, 43°14'2,85"N 6°30'57,49"W, 320 m, *Rodríguez Berdasco*, 8-IX-2015; ibid., Fontes de las Montañas, 43°9'9,33"N 6°41'20,94"W, 680 m, *Rodríguez Berdasco*, 8-V-2016; Allande, entre A Pontenova y Arveales, 43°16'42,01"N 6°43'43,78"W, 400 m, *Rodríguez Berdasco*, 29-V-2016; ibid., San Martín del Valledor, 43°11'0,18"N 6°46'15,37"W, 535m, *Rodríguez Berdasco*, 29-V-2016; ibid., Argancinas, 43°12'15,95"N 6°35'19,22"W, 415 m, *Rodríguez Berdasco*, 12-X-2017; Grandas de Salime, A Cova, 43°12'43,12"N 6°57'59,79"W, 350 m, *Rodríguez Berdasco*, 21-II-2016; ibid., Cereixeira, 43°12'43,12"N 6°54'22,27"W, 640 m, *Rodríguez Berdasco*, 29-V-2016; Pesoz, A Paicieiga, 43°14'34,67"N 6°50'56,75"W, 590 m, *Rodríguez Berdasco*, 29-V-2016; Boal, Armal, 43°20'31,35"N 6°29'0,18"W, 630 m, *Rodríguez Berdasco*, 1-XI-2018; Illano, Tamagordas, 43°17'28,39"N 6°49'30,42"W, 418 m, *Rodríguez Berdasco*, 28-XI-2019; Tineo, Oubona, 43°34'19,56"N 6°48'36,07"W, 380 m, *Rodríguez Berdasco*, 8-IX-2020.

LUGO

Negueira de Muñiz, Tallobre, 43°7'5,95"N 6°55'8,38"W, 660 m, *Rodríguez Berdasco*, 19-VIII-2017; ibid., A Lavandeira, 43°5'1,87"N 6°54'9,42"W, 285 m, 19-VIII-2017.

Aunque Asturias figura en la secuencia corológica de Valdés (2012: 423), este destacado endemismo del oeste ibérico falta en el catálogo de Fernández Prieto & *al.* (2014: 99), y lo cierto es que no conocíamos citas provinciales concretas y fiables —las de Gandoger (1917: 236), aunque se refieran a localidades no tan alejadas de algunas de las nuestras, nos parecen por completo inverosímiles o, cuando menos, inciertas hasta lo inatendible—. Como documenta nuestra lista de localidades —meramente orientativa: sería muy fácil ampliarla—, la planta se presenta en abundancia en todo el tercio occidental, tanto o más que el *Echium vulgare* L. s.l., con el cual convive en ocasiones y del que lo distinguen acaso sutiles pero no pocos caracteres: hábito ascendente, hojas basales con tendencia a ondularse y con nerviación secundaria más destacada, las caulinares claramente más anchas —carácter en el que estriba básicamente la diagnosis de Valdés (*op. cit.*: 418s)—; planta algo menos híspida y con cimas más laxas, de aspecto menos escorpioide y con menos flores, que son además de color más heterogéneo, hasta el punto de que en una misma planta y hasta en una misma flor pueden encontrarse tonalidades rosadas, azuladas, lila o violáceas.

En lo ecológico y fenológico las diferencias son aún más notables. Silicícola estricta la especie langeana, la linneana, más eurioica en general, es indiferente al substrato. En esta misma línea, *Echium rosulatum* es más friolero que el *E. vulgare* y rehúye tanto las áreas montañosas —lo hemos buscado sin éxito, por ejemplo, en Degaña, donde lo único visto es *E. vulgare*— como las muy secas —en las laderas más caldeadas de Ibias es sustituido por el *E. vulgare*—: su sitio está en suelos más bien profundos que acumulen y conserven en sus capas inferiores —es planta que enraíza harto profundamente, difícil de desenterrar— la humedad necesaria para sostener una floración centrada en las fases más avanzadas del verano, cuando más puede apretar el estiaje. La época de floración resulta, de hecho, diagnóstica: allí donde conviven, la antesis de *E. vulgare* comienza a principios de abril y se prolonga hasta finales de agosto o principios de septiembre; la de *E. rosulatum* se produce mes y medio más tarde: desde finales de mayo hasta finales de octubre o principios de noviembre. Una última característica del *E. rosulatum*, no poco llamativa, es su tendencia al gregarismo.

Aún no se ha citado de León, donde la combinación de su relativa termofilia y su aversión a los sitios secos lo deja sin demasiadas opciones: en el Bierzo, tras no pocas búsquedas, solo se ha visto *E. vulgare* s.l., y solo se nos ocurre que pueda acabar apareciendo en algún rincón del piedemonte de Courel, o aún mejor en el de Ancares. Las citas de las costas cántabra y vasca hechas por Braun-Blanquet (1967) se deberán a la clásica ligereza con la que visitantes forasteros, a las primeras de cambio, calzan el nombre de un endemismo regional más o menos famoso a cualquier planta de un grupo que les sale al paso —cf. Carlón & *al.* (2014: 37), así como lo dicho sobre *Carex durieui* en este mismo trabajo (página 138)—. GBIF las sigue propalando, remitiendo al SIVIM donde, como de costumbre, están ya corregidas y asignadas, naturalmente, a *E. vulgare*. A *E. vulgare* corresponde también MA 682686! («Suances, Tagle, 30TVP1109, sobre una cuneta alterada, *A. Guerra*, 1-v-1995» [ex herb. Loriente]), por mucho que, con la única base de una cautísima etiqueta de revisión añadida por Benito Valdés en 2007 («Cf. *E. rosulatum* Lange?»), el catálogo de MA —y, con él, la GBIF toda— lo refiera a *E. rosulatum* sin salvedades de ningún tipo.

Echium cantabricum (M. Laínz) Fern. Casas & M. Laínz

CANTABRIA

Polaciones, bajo el nacimiento del arroyo Juaspel, pr. Tresagüela [Tresabuela], 30TUN8567, 1550 m, taludes muy pendientes, umbríos, rocosos, silíceos, en las dos pequeñas encajaduras existentes aquí, *Moreno Moral* MM0029/2017, 2-ix-2017 (herb. Sánchez Pedraja) —dos exiguas colonias, una en cada encajadura; en total no más de unos 100 ejemplares, aunque el conteo fue muy poco preciso; todas las plantas muy pasadas.

El descubrimiento a mediados de julio de 2002, por parte de T. Pérez Pinto, G. Valdeolivas Bartolomé y J. Varas Cobo, de una buena colonia —bordes y huecos con algo de suelo en canchal silíceo de la vertiente soleada del Picu Bóveda (Hermandad de Campoo de Suso, Cantabria)— abrió nuevas posibilidades a la búsqueda de este endemismo cántabro-palentino, cuya localización conocida hasta ese momento se limitaba a los alrededores del paraje en que halló por primera vez: las inmediaciones del puerto de Piedrasluengas. A partir de ese momento han menudeado los encuentros, en áreas ciertamente no muy distantes de las dos provincias, por las cabeceras de los ríos Híjar-Ebro y Pisuerga —Grupo Botánico Cantábrico (2005+); Ruiz de Gopegui & *al.* (2011).

Nuestra cita reafirma que la especie desciende por la vertiente cantábrica de la sierra de Picu Cordel, en la cabecera del río Nansa. Su mención en la sierra de Peña Sagra —Durán Gómez (2014: 45)— solo pudo deberse a lo redactado en Grupo Botánico Cantábrico (2006+), según nos confirma el propio J. A. Durán (*comm. pers.*, 2-XI-2021). Por tanto, la presencia de *E. cantabricum* en dicha sierra no es un hecho confirmado hoy por hoy.

Salvia pratensis L.

LEÓN

> Prado de la Guzpeña, 42°46'51,95"N 5°1'2,53"W, 1020 m, *Rodríguez Berdasco*, 11-VIII-2014 (JBAG-Laínz 20366).

Aunque su presencia en la montaña palentina está bien documentada, no constaba que penetrase en León, donde pasamos a colocar el límite occidental de esta especie basófila centroeuropea, nororiental en nuestra Península. Se propaga bastante por aquí, en prados y en una amplia variedad de herbazales de orla, tanto sombríos y frescos como francamente secos —se adentra, sin ir más lejos, en el mismísimo cementerio del pueblo.

Lavandula pedunculata (Mill.) Cav.

ASTURIAS

> Ibias, entre Alguerdo y Oumente, no lejos de la carretera, 29TPH8260, 620 m, claros pizarrosos de los brezales, *Carlón Ruiz & Rodríguez Berdasco*, 15-IV-2022 (JBAG-Laínz 22158).

Nos animamos a citarla de esa localidad ibiense, con certeza no muy alejada del límite impuesto por el clima. Sin ser planta frecuente en el occidente asturiano, la habíamos visto de vez en cuando, pero siempre demasiado cerca de la protocita asturiana de Fernández Prieto & *al.* (1982: 36) —cuestionada por Argüelles & *al.* (1984: 11) de manera apenas comprensible— como para justificar una nueva cita. La que por fin hacemos viene a confirmar la realidad biogeográfica de demarcaciones recientes: el límite de su distrito 4.c.3 («Naviano») lo sitúan Fernández Prieto & *al.* (2020b: 22), por ejemplo, en el valle del Ibias más o menos a la altura de Vilarmeirín, donde el río vira hacia el noreste y es razonable suponer que se exponga a suficiente influencia oceánica a través del valle del Narcea como para mitigar la sequía estival, efecto perceptible incluso en los mapas de insolación registrada por satélite —cf. Sancho Ávila & *al.* (2012: 33).

La más conspicua de las otras especies definitorias del distrito sobredicho, el alcornoque (**Quercus suber** L.), convive con el cantueso en ese mismo punto, y de hecho es bastante frecuente, si bien bajo la forma de pies aislados, en las solanas castigadas por los fuegos que se extienden entre Alguerdo y Oumente. La distribución asturiana del alcornoque se ve de este modo ampliada hacia al sur de manera apreciable —unos 10 km— desde la localidad más interior hasta hoy señalada —cf. Fernández Prieto & Bueno (1996: 55)—, con lo cual este árbol friolero y genuinamente mediterráneo se llega a poco más de 6 km del eje de la cordillera cantábrica.

Horminum pyrenaicum L.

ASTURIAS

> Peñamellera Baja, por debajo del Coteru —cabecera del río San Esteban—, pr. San Esteban de Cuñaba, 30TUN6292, 840 m, suelos rocosos, calcáreos, *C. Aedo Pérez & Moreno Moral*, 27-XII-2015 (obs. —solo hojas—); ibid. Sombeju, en el inicio de la subida al colláu la Galavín, 30TUN6292, 920 m, suelos rocosos y pedregosos, calcáreos, *C. Aedo Pérez & Moreno Moral*, 27-XII-2015 (obs. —solo hojas—).

*LEÓN

> San Emiliano, Torrestío, entre la Pena la Braña y la Forcada, 43°2'52,42"N 6°5'41,76"W, 1825 m, calizas crioturbadas, en compañía de, entre otras, *Gentianopsis ciliata* (L.) Ma, *Rodríguez Berdasco*, 14-VIII-2017.

Especie cuya distribución cantábrica conocida —de un modo que cuesta atribuir tan solo a prospecciones deficientes, pues no sucede en plantas de hábitat análogo menos llamativas y reconocibles— es un tanto enigmática en su discontinuidad: desde el macizo del Castro Valnera, donde abunda mucho, salta a los Picos de Europa (si bien solo es frecuente en el macizo oriental, e incluso falta, al parecer, en el occidental); nuevo salto hasta las calizas del oeste del concejo asturiano de Caso —núcleo muy profuso, extendido hacia las tierras leonesas contiguas y también, rumbo noroeste, hasta Penamea, en los límites de los municipios asturianos de Aller y Laviana—. Luego salta otra vez para reaparecer, también en abundancia, en torno a los somedanos lagos de Saliencia —cf. AEDO & *al.* (1990a: 108)—, núcleo este último del que nuestro señalamiento leonés de hoy bien podrá considerarse parte.

De vivir la especie en el collado de Aralla, como indirectamente se apunta en la publicación que acabamos de citar, se acortaría sustancialmente el último de esos saltos, pero nos resulta problemático admitirlo: conocemos las calizas sitas al sur, y no nos parecen nada propicias para la planta, tampoco vista aún más al sur, en pleno macizo del Llamargones. Más prometedores son los imponentes picos (la Barragana, las Tres Marías) situados al norte, si bien han sido infructuosas nuestras búsquedas insistentes en sus paredones —no es planta de extraplomos precisamente— y herbazales sombríos, expuestos además a las nieblas veraniegas venidas a veces desde Asturias. Más de lo mismo en la vertiente norte de la interesante sierra de Peñas Lazas y en los afloramientos calcáreos del Cuitu Nigru; así como, desde luego, en sectores bien prospectados y que se dirían tan propicios como el macizo de Ubiña y la sierra del Aramo.

Nuestras citas asturianas de hoy poco avance representan desde el punto de vista corológico en planta que, como se dijo, es bien conocida del macizo oriental de los Picos de Europa; pero nos parecen notables por su baja altitud, casi 400 metros inferior al mínimo de 1220 indicado en *FLORA IBERICA* —cf. VILLAR (2010: 455)—. En 380 metros rebajaría también por aquí su límite inferior —cf. MUÑOZ GARMENDIA (1986: 13)— la **Selaginella selaginoides** (L.) P. Beauv. ex Schrank & C.F.P. Mart. —frecuente, en compañía de **Primula farinosa** L., en los rezumaderos calcáreos sitos entre las colladas Llamea y Galavín—. La pedinosis será aquí, de modo análogo al indicado a propósito de la *Potentilla brauneana* (página 81), consecuencia del efecto orográfico de la agreste alineación montañosa referida como sierra de Cocón, cuya escasa insolación y muy elevada pluviometría (entre 2500 y 3000 mm, con toda probabilidad) propician las condiciones siempre frescas en verano de las que al fin y al cabo depende, más que del icónico frío invernal, la viabilidad de la flora alpina. Reforcemos el argumento con un último ejemplo, no poco llamativo: en un canalizo calcáreo bajo la Collá Cocón de Arriba (30TUN6391, sobre San Esteban de Cuñaba, Peñamellera Baja, Asturias), *Saxifraga oppositifolia* L., la fanerógama que llega más al norte —más allá de los 83° de latitud en Groenlandia—, y que en los Alpes alcanza la friolera de 4507 metros —cf. Körner (2011)—, baja, como poco, hasta los 1500 metros, y se queda a un paso del Cantábrico, o al menos lo hacía —no hemos vuelto a ese sitio exacto— cuando el 13-VII-2006 la herborizaron *G. Gómez Casares & Moreno Moral* MM0144/2006 (herb. Sánchez Pedraja 12633).

Digitalis thapsi L.

LEÓN

> Castrocalbón, sierra de San Feliz, 42°9'33,99"N 6°0'49,19"W, 900 m, cresta cuarcítica, *Rodríguez Berdasco*, 18-v-2022 (JBAG-Laínz 22219).

Novedad provincial y límite septentrional de este endemismo ibérico, cuya área se ciñe con notable precisión a lo que los geólogos llaman zona centroibérica, rica en granitos asociados al orógeno varisco —los cuales afloran unos 50 km al sur y al oeste de nuestra localidad, si bien en ella la planta, muy escasa, medra sobre cuarcitas, rocas pobres en bases como los granitos y no tan distintas desde el punto de vista edafoquímico—. Bien conocida la especie de localidades zamoranas muy próximas, el interés de nuestra cita es meramente político.

Limosella aquatica L.

LEÓN

> Carrocera, cola del embalse de Selga de Ordás, 42°45'50,28"N 5°46'46,50"W, 965 m, *Rodríguez Berdasco*, 4-XI-2018 (JBAG-Laínz 22189); Villamanín, parte oriental del embalse de Casares de Arbas, 42°56'0,27"N 5°45'33,75"W, 1290 m, *Rodríguez Berdasco*, 18-XI-2018 (phot.).

De la provincia hay un par de citas antiguas, berciana y maragata —cf. Willkomm & Lange (1865-1870: 593)—, reiteradas por Gandoger

(1917: 263). A falta de estaciones propicias en este país para tal limnófila, le vino como anillo al dedo la fiebre por las obras hidráulicas que, iniciada durante el régimen de Miguel Primo de Rivera y sostenida después, durante la II República, por iniciativa del socialista ovetense Indalecio Prieto, llegó al paroxismo durante el franquismo —cf., v. gr., LADERO (1975: 1489-1490); AEDO & *al.* (1985: 206); ALEJANDRE & *al.* (2012: 125-126); RODRÍGUEZ GARCÍA & *al.* (2014: 37-38); MEDINA & *al.* (2015: 211).

Verbascum simplex Hoffmanns. & Link

LEÓN

Prioro, 42°46'54,38"N 5°1'21,04"W, 1070 m, talud de pizarras junto a la carretera, en orla de rebollar, *Rodríguez Berdasco*, 26-VI-2022 (JBAG-Laínz 22235).

Segunda mención para la provincia tras la berciana de CARLÓN & *al.* (2014: 69-70). No se cita, al parecer, de la vecina Palencia, pero su presencia en ella, visto que llega a Prioro, está cantada. En Asturias, en cuyo extremo suroccidental se difunde bastante, hemos acumulado suficientes observaciones como para concluir que se trata del menos nitrófilo de los gordolobos regionales.

*Veronica micrantha Hoffmanns. & Link

ASTURIAS

Grandas de Salime, Santa María, en el zarzal que, aclarado regularmente por el mantenimiento viario, separa de un prado la carretera AS-12 en su p.k. 66, 43°13'56,67"N 6°52'37,31"W, 650 m, *Carlón Ruiz*, 21-VI-2022 (JBAG-Laínz 22149) [vista ese mismo día en otros tres puntos más o menos próximos a la carretera comarcal que se dirige a Sanzo, siempre en zarzales que orlan fragmentos de robledal, y a menudo en íntimo contacto con *V. chamaedrys* L.].

*ZAMORA

Requejo [Requeixu], vega del río homónimo, en la orilla opuesta al paraje de los Pedregales, un poco al oeste de la desembocadura del arroyo del Tejedelo [Teixedelu], 29TPG827557, 990 m, *Carlón Ruiz*, 30-V-2017 (phot.) —esta colonia, de 47 individuos, acabó siendo destruida por la construcción de un viaducto del tren de alta velocidad, pero las plantas, bajo los auspicios de las autoridades ambientales de la Junta de Castilla y León, fueron trasladadas al sitio que se señala a continuación—; ibid., terraza sobre el río Requejo [Requeixu] enfrente del paraje del Viso, 29TPG853556, 980 m, *Carlón Ruiz*, 7-VIII-2017 (phot.) —la colonia, compuesta en el momento de su descubrimiento por 5 ejemplares adosados al muro de un huerto de frutales abandonado, fue reforzada con las plantas extraídas de la colonia anterior—; ibid., unos 25 individuos justo al este de Requejo [Requeixu], en el paraje del Curato, 29TPG874556, 965 m, en herbazal megafórbico con abundante *Heracleum sphondylium* bajo un plantío de chopos junto a una nave abandonada, *Carlón Ruiz*, 8-VIII-2017; Cobreros [Cobreiros], cerca del paraje de los Cascallales —pr. Terroso—, 2 ejemplares en un herbazal megafórbico con abundantes *H. sphondylium* y *Chaerophyllum temulum* en la zanja de un canal hoy seco paralelo al río Requejo [Requeixu], cuyo cauce principal dista unos 50 m, 29TPG889553, 935 m, *Carlón Ruiz*, 7-VIII-2017; ibid., 10 ejemplares en una zanja semejante a la anterior, aún más cercana al cauce principal del río, 29TPG891554, 933 m, *Carlón Ruiz*, 7-VIII-2017; Rionegro del Puente, aliseda del río Negro justo al este de Carrapatas [Santa Eulalia], 29TQG265567, 805 m, escasa y localizada (3 ejemplares), *Carlón Ruiz*, 11-VII-2022; Manzanal de los Infantes, vega del arroyo de Fuente Alba cerca de la confluencia de la Urrieta del Azafreo, 29TQG231618, 855 m, unos 7 ejemplares entre matas de *Erica tetralix* y *Genista anglica* que los protegen de las vacas, *Carlón Ruiz*, 13-VII-2022 (phot.).

Notable endemismo del cuadrante noroeste peninsular que, desde el propio Atlántico portugués, junto a Oporto, alcanza por el este, a lo largo de las faldas de Gredos, los confines orientales de la provincia de Ávila. El límite sur conocido discurre por la propia falda meridional, cacereña, de Gredos —aunque hoy por hoy se la tenga por extinta en Extremadura—, y continúa por Portugal hasta la Serra de Lousã. Por el norte, no constaba más allá de la línea que uniría Ponferrada con Santiago de Compostela. Nuestra localidad de hoy, en la que la especie se convierte en novedad para la flora asturiana, hace avanzar unos 40 km dicho límite septentrional hasta dejarlo ya a un paso de la costa cantábrica.

Muy familiarizados con ella y con su hábitat en el norte de Portugal, dábamos por incluso probable que la especie acabase apareciendo en territorio asturiano, y de hecho la buscamos con cierto ahínco en tierras de Ibias, las más afines tanto a nuestra referencia de Trás-os-Montes como a la localidad conocida más cercana a Asturias, berciana —cf. DEL EGIDO & al. (2017: 72)—. Pero en el ecotono entre las alisedas ribereñas y los robledales zonales —sobre todo de *Quercus pyrenaica*— que esta especie, acidófila y algo higronitrófila, ocupa de forma característica —beneficiándose de los claros producidos de forma crónica, ora por las sequías episódicas en la aliseda, ora por las crecidas en el robledal— siempre se nos presentaba tan solo su hermana la *V. chamaedrys*, general en el mundo eurosiberiano. Hasta llegamos a concluir, precipitadamente como hoy sabemos, que toda Asturias quedaba ya fuera de la no muy ancha franja territorial en la que se superponen las áreas de ambas especies, interpretables a grandes rasgos como vicarias.

Saltó entonces la liebre en un sector que —aunque ciertamente seco y soleado en verano para los estándares asturianos, como revela la abundancia de *Quercus pyrenaica* en los bosques zonales, cf. DÍAZ GONZÁLEZ (2014)— se nos hubiera antojado demasiado distante del núcleo del área de distribución de una especie que ahora, a juzgar por las varias colonias localizadas a lo largo de tan solo unos cientos de metros de carretera, damos por hecho que no será rara en los territorios leve pero inequívocamente submediterráneos del extremo occidental asturiano, y quién sabe si también más al este. Se trata, no lo olvidemos, de comarcas poco prospectadas por los botánicos y de una planta muy discreta incluso en plena floración, como ya insinúa su propio nombre. Nos reafirma en nuestro pronóstico el hecho de que, en consonancia con el clima menos seco en verano, la planta no se nos ha presentado asociada a cursos de agua como, según adelantábamos en el párrafo anterior, sucede en las localidades portuguesas donde la conocimos en primera instancia. Al tolerar cuando no beneficiarse de limpiezas viarias ocasionales, no tendrá difícil perpetuarse indefinidamente, discurran por donde quieran discurrir los futuros cambios en los usos del suelo. Las tendencias climáticas en curso, por su parte, deberían incluso beneficiar a una especie como esta, al menos en estos confines septentrionales de su área.

Nuestros pequeños descubrimientos, más aún de confirmarse su difusión por el occidente de Asturias, contribuyen a moderar el interés conservacionista suscitado por la especie, que ha sido mucho: a rebufo de su inclusión en la Directiva 92/43/CEE, goza de la protección legal no solo de la administración central española —al figurar en el Listado de Especies Silvestres en Régimen de Protección Especial (Real Decreto 139/2011, de 4 de febrero)— sino de cada una de las tres comunidades autónomas en las que constaba hasta hoy su presencia (Castilla y León, Galicia y Extremadura). Entendemos que las evaluaciones formales de su estado de conservación a escala española —cf. DELGADO SÁNCHEZ

& *al.* (2003); Sánchez Agudo & *al.* (2019)—, como sus propios autores medio admitían y por las razones arriba apuntadas, infravaloran la frecuencia y abundancia de la especie, y deberían retasarse a la baja, como acaba de hacerse en Portugal —cf. Carapeto & *al.* (2020: 364)—. Cada colonia concreta, cierto, suele tener pocas plantas, y podrán de veras producirse extinciones locales como parte de las danzas y contradanzas sucesionales invocadas líneas arriba. Pero vamos viendo cómo, si se busca donde es debido, no es preciso alejarse mucho para localizar más pequeños núcleos. En la provincia de Zamora, por ejemplo, los más bien casuales encuentros arriba detallados, y que suman un total de 7 núcleos y 99 plantas —si bien alguna pudo perderse con los traslados que se mencionan—, representan un apreciable incremento con respecto a lo expuesto en Delgado Sánchez & *al.* (*op. cit.*), quienes solo reconocían un único núcleo con 14 plantas, 17 en la actualización de Sánchez Agudo & *al.* (*op. cit.*).

Tozzia alpina L.

CANTABRIA

Lamasón, por debajo del pico Paraes, —sierra de Peña Sagra—, 30TUN7880, 1750 m, en una canal, *C. Aedo Pérez*, 28-VII-1987 (MA 684698); San Pedro del Romeral, entre Bidular y Peña las Hazas, pr. Bustalejín, 30TVN3770, 1200 m, talud herboso pendiente, húmedo y umbrío, en la pequeña canal encima del cabañal de Bidular, *Moreno Moral* MM0015/2014, 5-VI-2014 (herb. Sánchez Pedraja) —buena población a lo largo de esta canal con megaforbios, junto al pequeño regato; en floración o empezándola.

Escasean las citas cántabras; en concreto, se reducen a media docena las localizaciones —cf. Laínz (1970: 35; 1973: 189); Aedo & *al.* (1997: 338; 2001[=2002]: 24; 2003: 22s); Alejandre & *al.* (2004: 47)—. Además, en Durán Gómez (2014: 235) ya se informó acerca de su presencia en la sierra de Peña Sagra, sin más precisiones, teniendo como base lo que aquí se detalla —según nos indica J. A. Durán (*comm. pers.*, 20-XII-2021)—. Pese a la atención prestada a la especie —por ejemplo, al recorrer los umbrosos fondos de dolinas a cierta altitud—, cuesta dar con nuevas colonias.

Orobanche foetida Poir.

LEÓN

Sobrado, Friera, en un herbazal junto a la carretera, como parásita del *Trifolium pratense* L., 42°30'40,43"N 6°50'24,24"W, 435 m, *Rodríguez Berdasco*, 13-v-2023 (phot.); pr. Oencia, 42°32'11,63"N 6°57'48,20"W, 655 m, *Rodríguez Berdasco*, 13-v-2023.

Novedad provincial. Se confirma lo que cabía esperar: la especie —friolera y cuya dispersión por el oeste peninsular parece haberse canalizado por la costa gallegoportuguesa y, secundariamente, por el valle del Sil: cf. CARLÓN & *al.* (2002: 30; 2014: 75); FAGÚNDEZ (2003: 73); PINO PÉREZ & *al.* (2007: 86); AMIGO & *al.* (2007: 130); SÁNCHEZ PEDRAJA & *al.* (2016+, consultado el 4-iv-2024)— es leonesa porque es berciana.

Orobanche teucrii Holandre

CANTABRIA

Miera, el Codadiyu —macizo de Peña Herrera—, pr. Mirones, 30TVN4195, 520 m, parásita de *Teucrium pyrenaicum* L. en repisas en calizas soleadas, *Moreno Moral*, 30-v-2020 —un ejemplar en plena floración, tres pasados y uno raquítico brotando.

Nos decidimos a formalizar la cita debido a la ubicación de esta colonia: relativamente cercana a la costa, en modesto macizo calcáreo (Peña Herrera) —alejado del núcleo más elevado de los Montes de Pas, donde se cobijan varias poblaciones, cf. SÁNCHEZ PEDRAJA & *al.* (2016+, consultado el 4-iv-2024)—. La conjunción de ambas premisas nos resulta destacable si nos atenemos a lo conocido hasta ahora. A las particularidades de este enclave montañoso ya nos referimos en la página 35, a propósito de *Phegopteris connectilis*.

En cuanto a su límite occidental de dispersión, por ahora lo tiene en los afloramientos carbonatados del suroccidente de Asturias —aún no se ha dado con ella en Galicia—: la Pruída (Degaña), antiguas canteras de mármol del puerto del Rañadoiro y la Penona de Xalón (Cangas del Narcea). En esta última, por cierto, parasita también al *Teucrium chamaedrys* L. y al *Teucrium capitatum* L.

Orobanche reticulata Wallr.

ASTURIAS

Aller, ladera NE del Estorbín, 43°2'34,31"N 5°38'45,93"W, 1920 m, parasitando al *Carduus carlinoides* Gouan, en gleras sobre alternancia de roquedo silíceo y carbonatado, *Rodríguez Berdasco*, 21-VIII-2020 (phot.).

Una veintena de ejemplares, muy localizados. En Asturias, esta especie, la única verdaderamente orófila de su género, tan solo se conocía del macizo de Ubiña y de los Picos de Europa —cf. CARLÓN & *al.* (2003: 15-16).

Galium aparine L. subsp. spurium (L.) Hartm.

ASTURIAS

Lena, La Frecha, 43°5'35,95"N 5°47'39,31"W, 420 m, en un baldío, *Rodríguez Berdasco*, 16-V-2013 (JBAG-Laínz 20310); Somiedo, Santa María del Puerto, hacia la Veiga Cimera, 43°1'43,50"N 6°14'48,83"W, 1445 m, herbazal al borde de un camino, *Rodríguez Berdasco*, 17-VI-2023 (JBAG-Laínz 22245).

Raza mediterránea, mucho más grácil que el *G. aparine* típico, con el que la hemos visto convivir, circunstancia esta última que no deja de apuntar a la insuficiencia del rango subespecífico asignado a *spurium* en *FLORA IBERICA*: *Euro+Med* —cf. MARHOLD (2011+)— y las muy documentadas Floras china —cf. TAO & EHRENDORFER (2011: 114, 137)— y checa —cf. KAPLAN (2000: 150-153)— optan por considerarla, como Linneo, toda una especie, no sin cierto apoyo en la filogenética molecular —cf. EHRENDORFER & *al.* (2018)—; la ploidía, como tal vez algún día nos animemos a comprobar en nuestras localidades asturianas, sería responsable de la fijación de las diferencias visibles: si *spurium* sería un diploide o a lo sumo autotetraploide, tras *aparine* estarían poliploides en cuya génesis parece haber intervenido algún grado de alopoliploidía. Mientras abordamos y no esas comprobaciones, sin embargo, y habida cuenta de la existencia en Lena de no pocas formas transicionales (con las hojas estrechas y atenuadas propias de *spurium* pero con los frutos grandes del *aparine* típico), acataremos lo sancionado por la *FLORA* y nos atendremos al esquema subespecífico.

De Asturias no hemos encontrado, tras rastrear ANTHOS, GBIF y SIVIM, ninguna referencia concreta a este taxon. Si *FLORA IBERICA* lo da por asturiano —cf. Ortega Olivencia & Devesa (2007: 147)— es, según nos informa amablemente la propia Ana Ortega Olivencia, sobre la base del siguiente pliego: «La Rigeiria [se referirá, deducimos de la altitud, al sitio de A Regueiría, entre Malneira y San Xulián], Grandas de Salime, 660 m, 28.vi.1980, *T. E. Díaz González*» (MGC 8579, sub *G. aparine*). Habría aún un segundo pliego que, según nos comunica Ana Ortega, avalaría la asturianía del taxon de acuerdo con su revisión para *Flora ibérica*: MA 431421, recogido el 18-v-1935 por José González Albo en «Las Chimeneas». En el catálogo de MA (http://colecciones.rjb.csic. es/), las recolecciones hechas ese día por ese botánico en ese sitio se han atribuido a la friolera de cuatro provincias (Burgos, Cantabria, Ciudad Real y Granada, aunque no Asturias en la fecha de nuestra consulta [11-I-2023]). A juzgar por las localidades de nombre más inequívoco en las que ese autor recolectó en esa fecha, las Chimeneas de marras son las del municipio ciudadrealeño de Alhambra, sitas unos 7 km al NE de La Solana, localidad natal del malhadado botánico manchego [redactadas estas últimas líneas, descubrimos cómo los infalibles Alejandre & *al.* (2023b: 88) ya han enderezado el entuerto por lo que a ellos toca].

Valerianella fusiformis Pau

LEÓN

Castrocalbón, 42°12′29,36″N 5°58′20,64″W, 835 m, litosuelos calcáreos, *Rodríguez Berdasco*, 3-vi-2017 (JBAG-Laínz 22168).

De tan minúsculo endemismo solo se conocían cuatro localidades leonesas, todas distantes hacia el norte, ya en plena Cordillera —cf. Laínz (1973: 191); del Egido & *al.* (2011: 195)—. Si llega tan al oeste por León, pasa a entrar en el terreno de lo verosímil su presencia en las calizas orientales gallegas, e incluso en alguno de los contados diques calcáreos de la penillanura zamorana.

Legousia scabra (Lowe) Gamisans

CANTABRIA

Valderredible, al sur del camino los Ladrones —sobre el fondo del vallejo de Navas de Cantones, en la Lora de San Martín de Elines—, pr. Villaescusa de Ebro, 30TVN3040, 935 m, suelos pedregosos, calcáreos, caldeados, entre rebrotes de encinas, *Moreno Moral* MM0024/2018, 16-VI-2018 (herb. Sánchez Pedraja) —muy pocos ejemplares, ya bastante pasados, con pocas flores frescas.

En Cantabria solo habíamos constatado su existencia en enclaves muy secos del valle de Liébana —Aedo & *al.* (1997: 339, sub *Legousia castellana*)—. Ahora la encontramos en los confines meridionales de la región.

Campanula L.

Un par de puntualizaciones relativas a lo expuesto sobre el género en el catálogo picoeuropeano de Alonso Felpete & *al.* (2011: 75). Comencemos por **Campanula herminii** Hoffmanns. & Link, de cuya presencia en los Picos de Europa distan mucho de ser pruebas esa inadmisible referencia bibliográfica y la fe ciega en que unos visitantes ocasionales venidos de muy lejos hayan realmente dado por allí con una planta nunca vista por nadie más y cuyas colonias más próximas distarían 120 km hacia el oeste. Vemos en la GBIF, aparte del pliego COA 18159 de imprecisa localidad herborizado por *M. Benítez* el 15-VII-1973, otros tres pliegos conservados en Córdoba con el mismo derecho, ninguno, a haber figurado en el catálogo que nos ocupa: *B. Hidalgo & J. R. Morales* habrían dado con la especie en el desfiladero del Cares el 27-VII-1983 (COA 18151), y *A. Pujadas & P. Poyato* en el lago de la Ercina el 26-VII-1987 (COA 18152) y en la subida al «monte Utriello» dos días después (COA 18161). El pliego lebaniego conservado en Sevilla, de determinación no menos clamorosamente increíble, fue recogido por *J. A. Devesa, J. Pastor & S. Talavera* el 1-VIII-1978. Buena cosa sería que quienes visitan regiones con cuya flora están poco familiarizados se esmerasen más al dar nombre a sus recolecciones y evitasen así llenar de trampas las bases de datos hoy tan accesibles (páginas 59-63), pero mejor aún sería que los botánicos locales no cayésemos en tales trampas, arrastrando además a otros de por sí más cuidadosos —cf. Durán Gómez (2014: 49).

Por fin, recordemos nuestra rectificación de las citas picoeuropeanas de la **Campanula cantabrica** Feer —cf. Aedo & *al.* (1994: 87)—. Las de H. S. Nava, como su autor amablemente nos comunica, deben referirse a formas enanas de *C. scheuchzeri* s.l., y el pliego JBAG 3760, por su parte, hemos podido comprobar que corresponde a *C. rotundifolia* subsp. *legionensis*. La cita del lago de la Ercina de GANDOGER (1917: 213) es del todo inverosímil, y solo en la sajambriega de VICIOSO (1946: 78), y no sin generosas dosis de candor, podríamos ver una pequeña base para, como mucho, hacer figurar la especie de Feer en el apéndice de lo dudoso de ese catálogo picoeuropeano.

Carlina corymbosa L. subsp. hispanica (Lam.) O. Bolòs & Vigo

ASTURIAS

Peñamellera Baja, entre San Esteban y Cuñaba, 43°16′58,70″N 4°38′36,43″W, 350 m, roquedo calizo caldeado, *Rodríguez Berdasco*, 30-VIII-2014 (JBAG-Laínz 20398).

Solo nos consta la cita de Fierros (Lena) hecha por GANDOGER (1917: 164); la cual, esta vez, es incluso probable que sea acertada: aunque no prodigaremos citas —para formalizar la asturianía del taxon basta esta oriental, más interesante desde el punto de vista biogeográfico—, la planta es frecuente en las tierras bajas de ese concejo.

Cirsium heterophyllum (L.) Hill

CANTABRIA

Ruesga —bajo la Rasa, hacia la cabecera de pequeña canal que desciende en dirección a las Puchas—, pr. Seldesutu, 30TVN5094, 560 m, reducido canalizo herboso poco pronunciado, escasamente relevante, *Moreno Moral* MM0003/2022, 11-XI-2022 (herb. Alejandre) —solo hojas de uno o dos ejemplares; no se excavó para no dañar la exigua colonia.

Caso bastante similar a los planteados por *Phegopteris connectilis* (página 35) y *Orobanche teucrii* (página 112). Un vistazo al mapa de AN-THOS sugiere que la distribución de *C. heterophyllum* está ligada a sistemas montañosos de cierta relevancia y alejamiento del mar. Sabemos de otras colonias a escasa altitud, pero están bajo la influencia de montañas de mayor entidad y en territorios más continentalizados, caso de los montes de Ordunte —cf. ASEGINOLAZA IPARRAGIRRE & *al.* (1985: 817)— y de las

Merindades burgalesas —cf. Alejandre Sáenz & al. (2006: 187; 2023b: 89s)—. Sin embargo, nuestra estación queda emplazada en modesta alineación orográfica relativamente cercana a la costa, con cumbres cuya altitud media apenas roza los 700 m. De otra parte, que la planta haya aparecido en un insignificante rincón, en sitio apartado sin señal ninguna de paso habitual de ganado ni de personas, descarta o poco menos una introducción accidental más o menos reciente.

Como el género ha salido a la palestra, detengámonos en un par de serios errores cuya enmienda no puede demorarse más: de *Cirsium dissectum* (L.) Hill, especie que ni siquiera consta como ibérica, Alonso Felpete & *al.* (2011: 94) dan por buena una cita de Leresche & Levier (1881: 42, sub *C. anglicum*); mas, al tratarse de sitio conocido y a juzgar por las plantas acompañantes, nos atreveríamos sin mayores inquietudes a referirla a *C. pannonicum* (L. fil.) Link —cf. Aedo & *al.* (1999: 257)—, especie a la cual corresponde, según esta vez sí hemos podido comprobar frente al pliego de respaldo, la cita hecha en esa misma página de *Cirsium monspessulanum* (L.) Hill, planta mediterránea que se detiene no menos de 200 km al este de los Picos de Europa. También a *C. pannonicum* corresponde, vista excelente imagen del pliego MA 879357 por la diligente mediación de Eva García Ibáñez, la cita campurriana publicada por Durán Gómez (2014: 78).

Hablando de las Carduinae, y sin abandonar el catálogo una y otra vez aludido, podríamos admitir como remotamente posible que *Carduncellus monspelliensium* All. llegue a los Picos de Europa; pero que solo haya una recolección, y además de localidad tan alejada de las que serían idóneas para una especie leonesa, sí, pero infrecuente y más bien meridional en la provincia, resulta poco convincente: como F. del Egido hizo constar en LEB, la mayoría de los materiales leoneses que se llevan en dicho herbario a la planta de Allioni corresponden al general *C. mitissimus*.

Centaurea amblensis Graells

LEÓN

Castrocalbón, 42°12'12,97"N 5°57'54,65"W, 855 m, claros de carrascal con suelo arcilloso, *Rodríguez Berdasco*, 18-v-2022 (JBAG-Laínz 22234).

Relevante endemismo del centro-oeste ibérico cuyo límite septentrional de dispersión se encontrará a buen seguro en esta excepcional localidad, en la que se hace nuevo para la flora leonesa: como acabamos de descubrir, representa una involuntaria confirmación del notable poder predictivo del modelo de distribución construido por MOREYRA & *al.* (2021: 12), el cual se beneficia de los buenos procedimientos descritos en la página 8 de ese artículo, contrapunto modélico a cuanto se censura en nuestras páginas 59-63.

La mayoría de los ejemplares de la colonia señalada presentan las hojas bastante indumentadas, tal vez por mera reacción fenotípica a las peculiaridades del suelo que ocupan, muy propenso a la sequía: se trata de arcillas procedentes de la descalcificación de calizas cámbricas de la fm. Vegadeo. A este respecto, no nos resistimos a señalar un ejemplo de que no es la botánica el único campo en el cual el afán loable por digitalizar la información para hacerla más accesible, visible y manejable viene empañado por cierto descuido para con la calidad de dicha información: de esa banda de calizas cámbricas, perfectamente impresa ya en la versión de 1982 del Mapa Geológico de España (MAGNA) a escala 1:50.000 —cf. VARGAS & *al.* (1985)— y real hasta el punto de haber sido explotada por canteras cuyas huellas son aún muy visibles, nada saben los píxeles del GEODE (Cartografía geológica digital continua a escala 1:50.000, cf. VILLAR ALONSO & *al.*, 2019, consultado el 3-IV-2024).

Centaurea cephalariifolia Willk.

CANTABRIA

Arredondo, puerto de Alisas, 30TVN4792, 500 m, *Ó. Sánchez Pedraja*, 1-IX-1990; Entrambasaguas, puerto de Alisas, 30TVN4796, 340 m, *Ó. Sánchez Pedraja*, 1-IX-1990; Ruesga, entre Las Calzadillas y el hayal de los Trillos, 30TVN4894, 300 m, *Ó. Sánchez Pedraja*, 20-VII-1991 (herb. Sánchez Pedraja 00401); bajo la cumbre de Peñacurdiru —vertiente SW—, sobre Covadal (pero tanto en el término de Entrambasaguas como en el de Ruesga), 30TVN4997, 520 m, cantiles calizos, *Moreno Moral* MM0030/2018, 10-VII-2018 (herb. Sánchez Pedraja) —pequeña colonia con sus ejemplares en los comienzos de la floración; cabezuelas en flor, pero muchas más aún sin desarrollar completamente—; Entrambasaguas, bajo el Alto el Portillón, pr. Fuentecil, 30TVN4799, 400 m, en cantil calizo soleado al E de pequeño collado, *Moreno Moral*, 23-VII-2018 —pocos ejemplares—; ibid., Alto el Portillón —cumbre W—, pr. Fuentecil, 30TVN4799, 410 m, en cantil calizo soleado, *Moreno Moral*, 16-IX-2018 —contados ejemplares, ya muy pasados—; Soba, bajo los Castros de Orneu —sobre el Sutíu, valle de la Posadía—, 30TVN5084, 1000 m, pastos en suelos pedregosos, calcáreos, soleados, *Moreno Moral*, 29-VIII-2021 —pequeña colonia, en flor—; ibid., bajo los Castros de Orneu —valle de la Posadía—, pr. La Gándara, 30TVN5084, 1050 m, pastos en suelos pedregosos, calcáreos, soleados, *Moreno Moral*, 29-VIII-2021 —pequeña colonia, en flor.

Especie que difícilmente penetra en la vertiente cantábrica, salvo en el E de Cantabria donde llega hasta las montañas de Trasmiera, no muy lejos de la costa; constatamos su difusión en algunas de sus modestas elevaciones calcáreas, siempre en posiciones soleadas. Sin embargo, debemos resaltar el carácter muy marcadamente atlántico de la comarca trasmerana —escasa insolación y elevada pluviosidad incluso los meses más secos, sobre todo en las cotas más elevadas—. Señalemos asimismo su presencia algo más hacia el interior, en la cabecera del río Asón (valle de la Posadía).

Centaurea bofilliana Sennen ex Devesa & E. López

ASTURIAS

Aller, entre la Pola'l Pino y El Pino, 43°6'37,79"N 5°31'29,58"W, 610 m, herbazal junto a la carretera, *Rodríguez Berdasco*, 20-VII-2014 (JBAG-Laínz 20374); Lena, La Frecha, 43°5'42,49"N 5°47'55,87"W, 410 m, *Rodríguez Berdasco*, 20-VII-2014 (JBAG-Laínz 20375).

DEVESA & *al.* (2012: 250-256) sacan a flote esta especie, muy afín a la *Centaurea calcitrapa* L. y en el conocimiento de cuya distribución aún queda mucho por perfilar. La vimos por vez primera en Asturias hace ya 10 años en el aparcamiento contiguo a la malhadada ría de Avilés en el que Juan Luis Menéndez Valderrey había hecho unas fotos sobre cuya pista nos puso Juan Alejandre —cf. ALEJANDRE & *al.* (2014: 59-61)—. Dichas fotos fueron la base de la que ha de tenerse por primera cita asturiana —cf. MENÉNDEZ VALDERREY (2014)—. A esta especie —de comportamiento nitrófilo y, principalmente, viario— correspondía sin duda lo abundante —hasta que un tratamiento con herbicida eliminó la vegetación— en los márgenes de la A-66 entre las localidades de Mieres y Pola de Lena. A planta de sitios así, y con esos antecedentes, no es fácil concederle plena autoctonía, si bien apoyaría en algún grado esa posibilidad el hecho de que, a lo largo del corredor del río Aller, no nos salió al paso hasta la primera de las localidades citadas, lo cual casaría mal con una expansión progresiva y continua desde la desembocadura de dicho río en el Caudal, junto a la mencionada autopista.

Quede claro que *Centaurea bofilliana* debe acompañar y no sustituir a *C. calcitrapa* en el catálogo del Principado: hemos visto los dos pliegos asturianos guardados en FCO bajo este segundo nombre, y aunque FCO 32913 («Morcín, valle del Caudal por Parteayer», *F. Navarro*, 8-VII-1973) sí es referible a *C. bofilliana*, como FCO 16209 («Caranga», *G. Martínez*, 9-VII-1973) se conserva una planta más postrada, el apéndice de cuyas filarias porta la tremenda espina central de la que toma su nombre la especie linneana.

La especie de Sennen también es vallisoletana, a la vista de lo fotografiado en García López & Allué Camacho (2007: 276), y acaba de publicarse como nueva para Galicia —cf. González Martínez & *al.* (2021: 135s).

Tragopogon castellanus Levier

ASTURIAS

> Somiedo, Arvechales, 43°6'8,16"N 6°10'51,52"W, 1010 m, comienzo de la Foz de la Güérgola, sobre calizas, *Rodríguez Berdasco*, 23-IV-2017 (JBAG-Laínz 22193); Cangas del Narcea, entre Moal y Oubacho, 43°3'11,74"N 6°38'35,09"W, 695 m, ladera calcárea soleada, *Rodríguez Berdasco*, 15-V-2022.

Alotetraploide —derivado según parece del cruce entre *Tragopogon crocifolius* L. y *T. lamottei* Rouy, cf. Mavrodiev & *al.* (2015)— cuya presencia en Asturias solo constaba en el extremo oriental —cf. Aedo & *al.* (1994: 89)—. Por lo visto es un taxon endémico de la mitad norte peninsular, con preferencia por un clima mediterráneo o submediterráneo más o menos continentalizado.

Aprovechemos la oportunidad para impugnar las citas de **Tragopogon dubius** Scop. hechas en Alonso Felpete & *al.* (2011: 248): corresponden al arriba mencionado taxon de la órbita de *T. pratensis* al que Flora Iberica considera especie aparte bajo el binomen *T. lamottei* —cf. Díaz de la Guardia & Blanca (2017: 807, 809)—. En la base de la confusión podría hallarse la clave de AIZPURU & *al.* (1999: 569), y en especial ese dibujo en el que se exagera un tanto lo uniforme del grosor del pedúnculo de *T. pratensis* s.l., siendo así que en el mencionado *T. lamottei*, aunque nunca en el grado en el que lo está el de *T. dubius*, sí puede ensancharse apreciablemente en el extremo. También creímos nosotros hace tiempo, tras una determinación preliminar con dicha clave, haber dado con *T. dubius* en Asturias, un error evitado a tiempo por el indispensable cotejo en el herbario. El verdadero *T. dubius*, mediterráneo, no se conoce con certidumbre ni de Asturias —cf. FERNÁNDEZ PRIETO & *al.* (2014: 228)— ni de Cantabria —cf. DURÁN GÓMEZ & *al.* (2019: 89).

Leontodon bourgaeanus Willk.

ASTURIAS

Ibias, A Serra, 42°58′46,82″N 6°49′23,90″W, 890 m, *Rodríguez Berdasco*, 11-VI-2017 (JBAG-Laínz 22262), ibid., Campa de Centeales, 43°1′40,80″N 6°46′7,97″W, 1090 m, 9-IX-2018; Degaña, Zarreo, 42°56′59,68″N 6°27′23,95″W, 1195 m, *Rodríguez Berdasco*, 30-VII-2017 (phot.); Cangas del Narcea, Brañas d'Arriba, 43°0′19,12″N 6°26′9,36″W, 1285 m, *Rodríguez Berdasco*, 9-VII-2017 (JBAG-Laínz 22161); ibid., Monasterio d'Ermo, 42°58′34,81″W 6°29′38,49″W, 1370 m, *Rodríguez Berdasco*, 22-X-2017; Somiedo, Boquete de la Almozarra, 43°1′45,48″N 6°16′27,43″W, 1770 m, *Rodríguez Berdasco*, 13-VIII-2017 (JBAG-Laínz 22260); Teverga, Puerto Ventana, hacia el arroyo de los Cabanales, 43°4′17,00″N 5°59′51,40″W, 1580 m, talud de un camino que atraviesa un abedular, *Rodríguez Berdasco*, 15-VIII-2019.

LEÓN

Oencia, pr. Arnado, 42°32′1,21″N 7°0′14,61″W, 635 m, en talud de pizarras sombrío y algo húmedo, *Rodríguez Berdasco*, 13-V-2023 (phot.); Ponferrada, puerto del Morredeiro, 42° 25′17,83″N 6°31′34,52″W, 1480 m, *Rodríguez Berdasco*, 10-VIII-2018; Páramo del Sil, Salentinos, 42°48′39,98″N 6°22′4,85″W, 1250 m, *Rodríguez Berdasco, 2-VII-201/* (JBAG-Laínz 22159); Murias de Paredes, Vegapujín, 42°48′4,69″N 6°12′11,47″W, 1310 m, *Rodríguez Berdasco*, 5-VIII-2017; Villablino, puerto de Leitariegos, 42°59′6,05″N 6°24′31,79″W, 1475 m, *Rodríguez Berdasco*, 30-VII-2017 (JBAG-Laínz 22259); ibid, Sosas de Laciana, 43° 0′21,17″N 6°18′9,75″W, 1595 m, 17-IX-2017; ibid., La Veiga'l Palo, 42°58′8,31″N 6°26′27,61″W, 1355 m, 1-X-2017; Cabrillanes, Meirói, 42°59′49,89″N 6°13′45,23″W, 1385 m, *Rodríguez Berdasco*, 5-VIII-2017 (JBAG-Laínz 22160); ibid., La Vega de los Viejos, en dirección al arroyo del Campo, 42°57′23,77″N 6°13′16,21″W, 1275 m, 15-VIII-2017.

LUGO

Pedrafita do Cebreiro, 42°43'25, 97"N 7°1'38,05"W, 1150 m, talud sombrío junto a la carretera, *Rodríguez Berdasco*, 1-X-2022.

PALENCIA

Velilla del Río Carrión, Cardaño de Arriba, Trambosríos, 42°59'17,09"N 4°44'17,92"W, 1575 m, *Rodríguez Berdasco*, 6-VIII-2017 (JBAG-Laínz 22263); ibid., 42°59'31,66"N 4°44'18,76"W, 1685 m (JBAG-Laínz 22264); ibid, 43°0'17,28"N 4°43'16,61"W, 2135 m (JBAG-Laínz 22261).

Planta a la que, en contra de criterios tan visibles como autorizados —cf. Rivas Martínez & Sáenz de Rivas (1978: 156); Talavera & al. (2015: 358s); Talavera & Talavera (2017: 1133-1136)—, ya llevábamos tiempo considerando especie aparte. Nos decidía el haberla visto una y otra vez —en Somiedo, Babia y Fuentes Carrionas— inconfundible a pesar de encontrarse en virtual convivencia con plantas típicas del presuntamente conespecífico *Leontodon hispidus* L. Entre los caracteres diagnósticos recogidos por los autores mencionados, el para nosotros más llamativo reside en la no poco insólita arquitectura hipógea, mejor o peor ilustrada en nuestras fotos: si disponer de una buena navaja o un zarcillo es como quien dice imprescindible para extraer el corto y grueso rizoma de *L. hispidus* —al que las cicatrices de inserción de las hojas de años anteriores confieren un aspecto escamoso característico—, el de *L. bourgaeanus* es más delgado y lo puede uno desenterrar con las manos sin dificultad, siguiéndolo por largos trechos y viéndolo en muchos casos emitir estolones, hasta el punto de hacer difícil concretar dónde empieza un clon y termina otro. De este modo es frecuente verlo colonizar, de seguido, metros y metros de taludes de caminos, sobre todo en el extremo occidental de la cordillera cantábrica, donde es asaz común. Este hábito con frecuencia estolonífero, hasta donde nos permiten afirmarlo nuestras pesquisas al respecto, cierto que bastante modestas —cf. Finch & Sell (1976: 310-315)—, se diría algo único dentro del género, y poco menos en el conjunto de las asteráceas regionales —piloselas aparte, naturalmente.

Hemos querido comprobar si las plantas de rizoma prolongado representaban una unidad genealógica bien individualizada —o sea, si esa diferencia tan acusada representa, como intuíamos, el carácter diagnóstico de una especie aparte— o si, por el contrario, cabía atribuirla al llamativo efecto fenotípico de uno o unos pocos *loci* en los que, por la

Leontodon bourgaeanus Willk.
[A Serra (Ibias, Asturias), 11-VI-2017]

Leontodon hispidus L. [Ventaniella
(Ponga, Asturias), 18-VI-2017]

selección de un clima y un sustrato distinto o por deriva en este *cul de sac* geográfico, ciertas variantes alélicas se habrían fijado hace poco en la parte más occidental de la extensa área de *L. hispidus*, lo cual refrendaría el esquema subespecífico. Nuestros resultados (figura 3) apoyan de manera inapelable el reconocimiento de dos especies, no poco distantes además. *L. crispus*, al que también se ha subordinado *L. bourgaeanus* —cf. TALAVERA & *al.* (*op. cit.*: 359)— es un poco más próximo en términos filogenéticos, pero de manera a todas luces incompatible con una síntesis.

Cuando se dispone de un carácter diagnóstico tan nítido y evolutivamente sólido como este de los rizomas, apetece poco detenerse en otros de más difícil formulación y a menudo enmascarados por la plasticidad fenotípica. Las hojas de *L. bourgaeanus*, por ejemplo, es cierto que tienden a presentar dientes mejor definidos, pero es difícil apreciar tal cosa en ejemplares enanos de alta montaña y en zonas muy pacidas por las vacas. La desigualdad y divaricación de los lóbulos las hemos visto variar

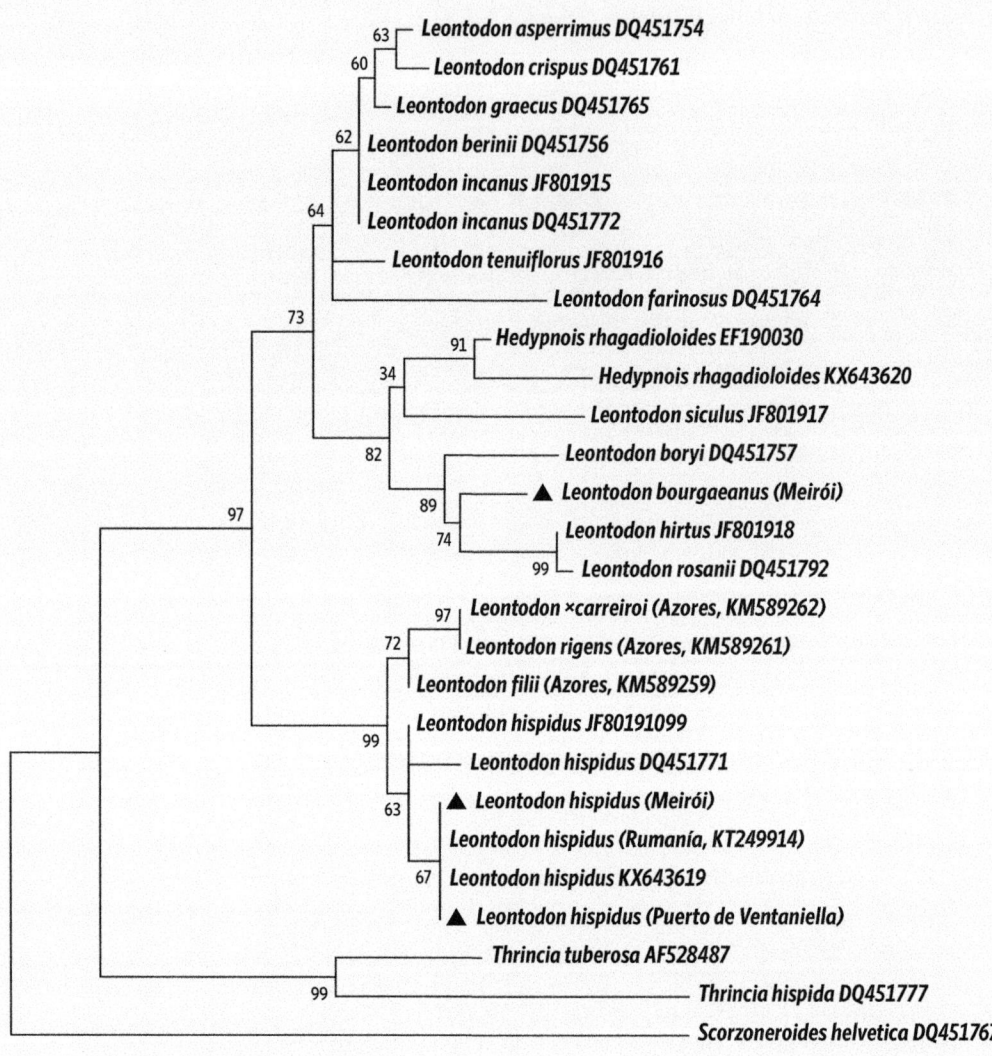

mucho en plantas con los dos tipos de rizoma, y no las creemos útiles para la diagnosis. También nos parece de escaso o nulo valor diagnóstico el número de brazos de cada pelo foliar, pero sí es evidente que los pelos de *L. hispidus*, amén de bastante más largos en pedúnculo y brazos, se presentan —al menos en nuestras regiones— en mayor densidad, todo lo cual confiere a las plantas, incluso a las de sombra, un aspecto realmente híspido nunca visto en la planta willkommiana. Los dientes de las lígulas centrales de *L. hispidus* tienden, cierto, a adquirir tonos purpúreos ausentes en los de *L. bourgaeanus*, aunque esto cuesta percibirlo si no es en vivo y al inicio de la antesis, cuando los capítulos se encuentran, si se nos permite la expresión, acogollados. Las brácteas lineares pueden aparecer o faltar en plantas con ambos tipos de rizoma, lo cual priva de todo valor diagnóstico a esa presunta diferencia. Más sólidas parecen, por último, las sustanciales diferencias carpológicas que se han señalado, corroboradas por nuestra figura 4 y que ya permitían intuir que el rango subespecífico se quedaba corto para la planta occidental.

Verificada la existencia de dos especies, tratemos de acotar sus diferencias ecológicas. Frente a la tolerancia e incluso preferencia de *Leontodon hispidus* por los terrenos calcáreos, *L. bourgaeanus* es una planta francamente acidófila, calcífuga, vista siempre sobre rocas silíceas salvo en Vegapujín —donde crece sobre dolomías, si bien cubiertas por una espesa capa de arcillas de disolución, y en contacto con un arroyo que drena una cuenca mayormente silícea— y en Sosas de Laciana, donde desde

◀ | **Figura 5.** Filograma resultante de un análisis de máxima verosimilitud —basado en el modelo de Tamura-Nei, con tasas de cambio asimiladas a una distribución gamma con 5 categorías (+G, parámetro=0.1000) a partir de un árbol inicial construido por agrupamiento Neighbor-Joining de una matriz de distancias construida por el método Maximum Composite Likelihood (MCL)— de secuencias alineadas con Muscle —cf. EDGAR (2004)— del ITS (ADN ribosomático nuclear, 599 bp). Las accesiones que no son nuevas se identifican con su número en GenBank (https://www.ncbi.nlm.nih.gov/genbank/), y junto a los nodos se indica el porcentaje de permutaciones *bootstrap* de la matriz original cuyo análisis reconoció ese mismo agrupamiento. Repárese en la acusada divergencia evolutiva entre plantas convivientes en la localidad leonesa de Meirói, así como en el caso de incipiente gigantismo insular que representan los descendientes azoreños del *Leontodon hispidus*.

zonas silíceas contiguas llega a internarse en las calizas cristalinas de la formación Vegadeo —rocas muy compactas cuya erosión es solo superficial; lo cual limita, en comparación con calizas menos metamorfizadas y más porosas, su capacidad de calcificar los suelos: por esta razón, a efectos de vegetación llegan a funcionar como rocas ácidas, según hemos podido comprobar a menudo en el suroccidente asturiano—. En punto a humedad, *L. bourgaeanus* es más exigente, y busca sitios en los que no solo haya aportes —bordes de arroyos, vaguadas y concavidades en las que la irradiación nocturna facilite la condensación de rocío durante las mañanas estivales— sino pocas pérdidas de agua —orlas sombrías de bosques y prados, herbazales a los pies de piornos y escobas, taludes abrigados de caminos y regueros, sobre todo si los forman piedras embebidas en una matriz terrosa en la que esta planta puede dar rienda suelta a su característico aparato subterráneo, tan prolongado e intrincado—. Si hay algún aporte de humedad y la roca es lábil como la pizarra, llega a tolerar cierta compactación y se presenta en las propias calzadas de los caminos. *L. hispidus*, por su parte, y aunque prefiera los suelos frescos y profundos, es más tolerante a la sequía, acaso merced a la verticalidad de su sistema radicular, y se presenta a veces en verdaderos secarrales, como sucede en las solanas calcáreas de las comarcas leonesas de Babia y Luna.

Si ampliamos el foco hasta una escala geográfica, la coexistencia antes indicada solo se verifica, en Asturias, en el tramo de Cordillera sito entre el Puerto Ventana —límite oriental asturiano, hasta donde sabemos, de *L. bourgaeanus*— y los afloramientos calcáreos de los confines municipales de Cangas del Narcea, Somiedo y Tineo. Luego, por los terrenos silíceos del suroccidente, *L. bourgaeanus* se difunde muy ampliamente, y prosigue por las tierras colindantes de León y Lugo, pero no se acerca a la costa. *L. hispidus*, en contraste, es común en prados y orlas de las campiñas del centro y el este de Asturias, y no falta en el propio litoral. En León, sin embargo, la distribución de *L. bourgaeanus* no es tan occidental, y ambas especies conviven, segregadas ecológicamente en función de la naturaleza litológica del sustrato, todo a lo largo de la franja montañosa del norte, hasta alcanzar las montañas de las Fuentes Carrionas, silíceas en su mayor parte y en las cuales es por consiguiente *L. bourgaeanus* la especie predominante.

En términos de altitud, por último, nuestras observaciones están en consonancia con el intervalo indicado por *Flora iberica* —cf. Talavera

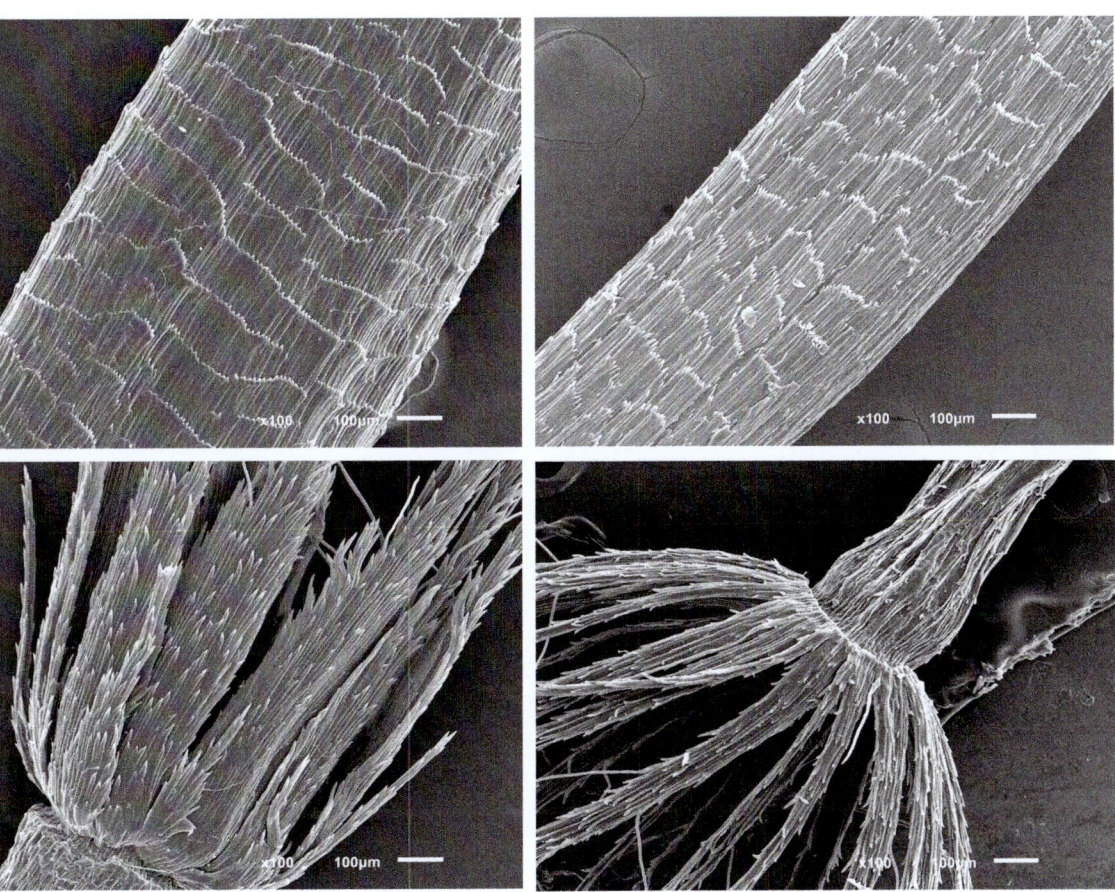

Figura 6. Detalles del cuerpo de la cipsela y de la base del vilano de *Leontodon hispidus* [Ventaniella (Ponga, Asturias), JBAG-Laínz 22277, izquierda] y *L. bourgaeanus* [Meirói (Cabrillanes, León), JBAG-Laínz 22160, derecha]. Las imágenes superiores confirman los caracteres carpológicos señalados como diagnósticos por Talavera & Talavera (2017: 1134): en *L. hispidus*, el corto número de costillas implica escuámulas intercostales anchas que, también por la nítida denticulación de su extremo, resultan muy visibles; en *L. bourgaeanus* las costillas son numerosas y las escuámulas, por consiguiente, estrechas, amén de rematadas en su extremo superior por un borde más irregular, todo lo cual se traduce en una estriación transversal menos perceptible a pocos aumentos.

& Talavera (*op. cit.*: 1135)—: donde más lo hemos visto subir, por encima de los 2100 metros, es en el macizo de Fuentes Carrionas —algo obvio al tratarse del macizo silíceo más destacado de nuestro ámbito—; en el otro extremo, lo hemos visto por debajo de los 900 metros, conviviendo por cierto con **Eryngium duriaei** Gay ex Boiss., s. str., en el talud de una pista que atraviesa un rebollar próximo a la localidad ibiense de A Serra (JBAG-Laínz 22249) —sitio este sumamente peculiar, donde incluso la **Gentiana lutea** L., en su variedad de flores anaranjadas, baja hasta los propios prados que rodean el pueblo.

Taraxacum obovatum (Willd.) DC.

ASTURIAS

Somiedo, Veigas, pr. Braña los Huerdios, 43°6'30,47"N 6°12'8,03"W, 1230 m, ladera caliza orientada al sur, sobre arcillas de descalcificación, *Rodríguez Berdasco*, 23-IV-2017 (phot.).

Segunda localidad asturiana —cf. Carlón & *al.* (2014: 108s).

*Senecio carpetanus Boiss. & Reuter

LEÓN

Boñar, en dirección a Pallide, cerca del embalse del Porma, 42°57'4,73"N 5°14'34,41"W, 1120 m, margas húmedas, *Rodríguez Berdasco*, 13-VII-2019 (phot.).

Especie que parece muy rara en la provincia —cf. del Egido & *al.* (2007: 120-121; 2020: 217)—. Esta colonia del Porma, la más septentrional conocida, está muy localizada y la componen apenas una docena de ejemplares.

Artemisia alba Turra

CANTABRIA

Hermandad de Campoo de Suso, bajo la Braña —barranco del arroyo San Juan—, pr. Camino, 30TVN0565, 1210 m, repisas en bancos de calizas soleadas, *Moreno Moral* MM0074/2015, 12-VII-2015 (herb. Sánchez Pedraja).

La pequeña población asentada en este abrigado lugar es la más cercana a la divisoria de aguas que conocemos —a 1 km en línea recta de la vertiente norte—; ello si nos referimos exclusivamente a Cantabria, pues en el País Vasco, la especie se asoma al Cantábrico gracias a las colonias existentes en la cabecera del río Nervión, en torno a Orduña: San Pedro de Beraza, la Coronilla y Tertanga —cf. ASEGINOLAZA IPARRAGIRRE & al. (1985: 789); PÉREZ DE ANA (2014: 107); J. M. Pérez de Ana (*comm. pers.*, 28-X-2021)—. Merced a la muy notable y aislada colonia de Visuña, en pleno Courel —cf. GIMÉNEZ DE AZCÁRATE & al. (1991: 159s); GIMÉNEZ DE AZCÁRATE CORNIDE & AMIGO VÁZQUEZ (1996: 31)—, nuestra *Artemisia* se planta también frente al Atlántico.

La inclusión de la O en la ristra de siglas provinciales en el vol. XVI (III), pág. 1733, de *FLORA IBERICA*, tiene por exclusivo fundamento (C. Benedí, *comm. pers.*, 4-XI-2021) el pliego MA 129322 [«Herbario Español de la F. de Farmacia 1378 Duplicado *Artemisia Abrotanum* L. Salinas de Avilés. Agosto. Colector y Donante: Dr. D. Blas Lázaro»], con etiqueta de revisión del propio Benedí, sub *Artemisia alba* Turra. Carlos Aedo nos envió imagen del pliego, a cuya revisión poco podemos objetar. No descartaremos por completo, habida cuenta de su presencia en las calizas de Courel, que la especie acabe revelándose asturiana en los afloramientos calcáreos, alejados del mar y relativamente fríos en invierno y soleados en verano, del suroccidente. Pero debe quedar clara la total inutilidad del pliego de Lázaro para demostrar la asturianía de una planta cuya existencia en Salinas, espontánea al menos, es imposible. Lo razonable es dar a esta cita insólita la misma explicación —acaso un traspapelado de etiquetas— que a otros casos análogos, incluso más extremos: ese mismo botánico, también con presunto respaldo material, citó nada menos que el *Hymenophyllum tunbrigense* de nada menos que el Moncayo —cf. LAÍNZ (1984: 474).

*Artemisia umbelliformis Lam.

Se dedicaron dos jornadas (8-IX-2012 y 8-IX-2015) a recorrer el entorno de los Picos del Jerru (2437 m) y la Pica el Jerru (2425 m) —macizo de Ándara, Picos de Europa— buscando la planta tanto en su vertiente cántabra —citado el hallazgo en ALONSO FELPETE & al. (2011: 63) [Pica del Jierru (Cillorigo de Liébana, Cantabria), 30TUN5984, 2400 m,

pastizal psicroxerófilo en repisa caliza, orientación E, *S. L. Robinson &*
A. Fernández, 27-VII-2007 (JBAG 2571!)]— como en la asturiana —ate-
niéndonos en este caso a los comentarios vertidos por GÓMEZ CASARES
(2014: 16)—. Esfuerzo inútil, pese a lo exhaustivo de la inspección y lo
concreto de las indicaciones sobre su ubicación con las que íbamos a su
búsqueda; en paraje, por otra parte, de muy reducida extensión... Así
pues, la distribución cantábrica de tal reliquia glaciar se limita hoy por
hoy a tres pequeñas áreas del macizo de Fuentes Carrionas: vertiente
leonesa y palentina de las Agujas de Cardaño, vertiente cántabra de
Peña Prieta y el Alto del Concejo —donde el 17-VII-2012 dimos con una
colonia de 18 ejemplares en su cima, en ventisqueros, a unos 2420 m—,
no llegando a sumar el centenar de individuos entre las tres ubicaciones.

En cuanto a los requerimientos edáficos de la especie en este macizo,
nuestra impresión es que se comporta como basófila, pues aparte de
las muy interesantes colonias descubiertas por GÓMEZ CASARES (*op.*
cit.: 16) en los afloramientos calcáreos de Peña Prieta, las de las Ajugas
de Cardaño y del Alto del Concejo se asientan sobre el llamado stock
granitoide de Peña Prieta, muy peculiar éste por su compleja y variada
composición petrológica, en la que se alternan a pequeña y gran escala facies ácidas —allí donde predomina el cuarzo fundamentalmente,
pero donde también hay biotitas, granates y anfíboles ácidos— y básicas
—biotitas y feldespatos ricos en calcio, minerales máficos y volcanitas—,
sobre las cuales se van asentando las distintas especies de un modo un
tanto desconcertante a ojos de fitosociólogo.

Anthemis pedunculata Desf. subsp. **turolensis** (Pau ex Caball.) Oberpr.

LEÓN

San Emiliano, Villafeliz de Babia, 42°56'44,55"N 5°59'37,46"W, 1170 m, ladera
calcárea orientada al sur, *Rodríguez Berdasco*, 19-v-2019 (JBAG-Laínz 22166).

Endemismo, en esencia, del centro-noreste ibérico, que pulula por
ambientes crudamente continentalizados. Su caso recuerda, de alguna
manera, al de la *Euphorbia nevadensis* Boiss. & Reuter —cf. CARLÓN &
al. (2010: 19s).

Cladanthus mixtus (L.) Chevall.

ASTURIAS

Lena, El Piridiiḷḷu, 43°7'50,53"N 5°48'59,42"W, 345 m, en un baldío caldeado, *Rodríguez Berdasco*, 13-VII-2019 (JBAG-Laínz 22207); Oviedo, pr. Rodiella, 43°23'24,78"N 5°55'43,32"W, 228 m, sobre arcillas de descalcificación, en sitio seco y soleado con, entre otras, *Bupleurum tenuissimum* L., *Rodríguez Berdasco*, 10-VII-2020 (phot.); Siero, pr. Ordoño, 43°25'12,22"N 5°46'23,94"W, 219 m, suelo removido, nitrificado, en una landa, *Rodríguez Berdasco*, 2-VII-2021 (phot.).

Para la provincia no vemos más citas formales que la de Chermezon (1920: 201), como arvense alrededor de Avilés, y la de Guinea (1953: 303, sub *Anthemis mixta*) de «Conio». Hemos de entender que el botánico vasco se refiere al puerto de montaña —Counio o Couño, según los parlantes locales de esa encrucijada lingüística— que comunica los concejos de Ibias y Cangas del Narcea. Pero en ese puerto del occidente de Asturias, como en otros de la zona, todo cuanto hay de aspecto y aroma semejante es *Chamaemelum nobile* (L.) All. Sí podría aparecer en las partes bajas de Ibias —en algún viñedo o lugar alterado—, pues sin ir más lejos la vimos en una cuneta de carretera cerca del Ponte de Boabdil, en dirección a Ridiporcos, si bien en tierras lucenses. Aunque técnicamente inédita por no haberse completado en su día la publicación de la obra, su presencia en las tierras bajas del occidente ya constaba desde que Tomás Emilio Díaz González la señaló de la vega del Esva en su tramo final, como arvense, en la página 313 de su monumental tesis doctoral de 1975 sobre la flora y vegetación de la costa occidental asturiana, con respaldo en un pliego espléndido que hemos tenido ocasión de consultar (FCO 22329!).

Aster alpinus L.

ASTURIAS

Belmonte, pr. Agüera, 43°12'39,05"N 6°16'26,38"W, 545 m, claro de encinar sobre calizas, por la senda que sube a Quintanal, *Rodríguez Berdasco*, 2-VI-2018 (phot.).

Caso aún más llamativo que el comentado en Carlón & *al.* (2010: 63), no tanto por la altitud como por la neta submediterraneidad de ese sitio, interesante también por las orquidáceas: *Limodorum abortivum*,

Cephalanthera rubra, Neottia nidus-avis, etc. A decir verdad, y por las razones que sean, donde más parece abundar en todo el ámbito cantábrico es en los concejos asturianos de Somiedo, Teverga y Belmonte, donde encuentra su límite occidental de dispersión: nos lo hemos topado por toda la solana del Valle del Lago y en la de Clavichas, así como, copiosamente, entre Taxa y la Veiga Cueiro y en torno al Caldoveiro.

*Triglochin palustris L.

ASTURIAS

> Teverga, Taxa, la Veiga Cueiro, 43°10'42,94"N 6°11'47,33"W, 1310 m, humedal alcalino, *Rodríguez Berdasco*, 8-VII-2018; ibid., 43°10'50,62"N 6°11'3,10"W, 1280 m, *Rodríguez Berdasco*, 8-VII-2018 (JBAG-Laínz 22220).

Especie rara, limitada en el ámbito cantábrico a Campoo, los Picos de Europa, el macizo de Ubiña y las montañas de la divisoria de Babia y Somiedo, sin alcanzar regiones costeras como sucede en Galicia —cf. GARCÍA MARTÍNEZ (1991: 50s)—, aunque *FLORA IBERICA* lo omita y hasta lo niegue —cf. TALAVERA (2010: 46)—. Vive en fangos siempre empapados por aguas alcalinas y —planta completamente heliófila— libres de vegetación que le haga la menor sombra. Casi bastarían los dedos de una mano para contar los ejemplares localizados, tras no poco detenida búsqueda, en esos humedales teverganos.

Potamogeton berchtoldii Fieber

ASTURIAS

> Cabrales, Pozu las Moñetas, 43°11'30,32"N 4°47'23,28"W, 1715 m, sumergida en la laguna, *Moreno Moral* & *Rodríguez Berdasco*, 27-IX-2015 (JBAG-Laínz 22171).

La especie debe añadirse al catálogo florístico del Parque Nacional de los Picos de Europa, pues la planta de esa laguna no es *Potamogeton pusillus* L. —cf. ALONSO FELPETE & *al.* (2011: 201)— sino el susodicho, conocido de Asturias ya desde los tiempos de Lagasca, quien le habría echado mano cerca de Avilés —cf. GARCÍA MURILLO (1989: 251)—. Un testimonio mucho más reciente y preciso lo encontramos en MA 613569 («Panes, Peñamellera Baja, 30TUN7298, 30 m, charca de aguas eutrofizadas en un brazo abandonado del río, *C. Aedo*, 3-VII-1987»), pliego bien preparado en el que se aprecian con facilidad las características vainas foliares abiertas y las drupas de pico lateral. Así las cosas, puede uno contar con la especie todo a lo largo, ancho y alto del Principado.

*Juncus balticus Willd. subsp. **cantabricus** (T. E. Díaz, Fern.-Carv. & Fernández Prieto) Snogerup

LEÓN

> Carrocera, macizo del Llamargones, Vega del Palomar, 42°51'41,85"N 5°47'19,25"W, 1660 m, pastizal más o menos húmedo y algo acidificado, *Rodríguez Berdasco*, 25-VIII-2018 (JBAG-Laínz 22253); Sena de Luna, Caldas de Luna, arroyo de Cacabillos, 42°57'49,13"N 5°51'23,48"W, 1525 m, suelo profundo y algo húmedo, sobre calizas, en una pequeña llanura junto al arroyo, *Rodríguez Berdasco*, 7-VIII-2019 (JBAG-Laínz 22252).

Ahora que va quedando claro lo excesivo del rango específico para la planta cantábrica, cabe plantearse si no lo será también, atendiendo a la poca entidad de los caracteres definitorios —cf. ALEJANDRE & *al.* (2009: 13)—, incluso el subespecífico propuesto por SNOGERUP & *al.* (2002: 256). El del tamaño de las anteras fue refutado hace tiempo —cf. ARGÜELLES & *al.* (1984: 13)—, como ROMERO ZARCO (2010: 183) corrobora. El de las inflorescencias, más compactas al parecer en la planta cantábrica, varía mucho si hemos de juzgar por lo visto en el Llamargones y en la Vega de Liordes —variabilidad análoga a la exhibida por un pariente tan familiar como *Juncus effusus* L., al que se han subordinado una y otra vez, en rangos diversos, presuntos táxones bajo restrictivos como *compactus* y *laxus*—. Más prometedor se nos antoja basar la distinción en la cortedad de los pedúnculos de la inflorescencia y en el bajo número de flores: por ejemplo, de los doce tallos floridos herborizados al azar en el Llamargones, todos presentan pedúnculos de menos de 11 mm y los siguientes números de flores: con 3 flores un tallo, con 5 otro, con 6 otro más, dos con 7, uno con 8, con 9 dos, con 10 tres y 12 con un único tallo. ROMERO ZARCO (*loc. cit.*) vincula esta reducción de las inflorescencias a la al parecer total incapacidad de la planta para producir semillas, la cual revelaría el efecto de algún tipo de depresión endogámica en estas colonias tan diminutas y aisladas.

Mientras se esclarecen y no estos extremos y se aborda el detenido estudio de toda la especie a lo largo y ancho de su amplia área de distribución por el cual se aboga en Romero Zarco (*loc. cit.*) y en Vázquez & *al.* (2017: 16), concederemos a nuestra planta, a título provisorio, la condición de raza geográfica endémica; el núcleo occidental de cuya exigua y fragmentaria área de distribución se ve levemente ampliado hacia el este —cf. Vázquez & *al.* (*loc. cit.*)— con el par de localidades que hoy aportamos.

Cyperus michelianus (L.) Link

LEÓN

> Fabero, Santa Marina del Sil, cola del embalse de Bárcena, 42°39'33,21''N 6°30'37,33''W, 605 m, sobre fangos, *Rodríguez Berdasco*, 6-XII-2018 (JBAG-Laínz 22221).

Ciperácea anual y diminuta, nueva para el territorio leonés. Se conoce de alguna provincia vecina —cf., v. gr., Navarro Andrés & Valle Gutiérrez (1984: 83-85); Sánchez Rodríguez (1986: 42-43); Amigo (2006: 56)—, y parece estar difundida, en sitios como el que indicamos, a lo largo y ancho de las tierras bajas y plenamente mediterráneas del occidente peninsular —cf. Castroviejo (2007: 23).

*Eriophorum vaginatum L.

ASTURIAS

> Ponga, majada la Salguerosa, 43°6'5,46''N 5°11'38,58''W, 1390 m, turbera sobre cuarcitas, *Rodríguez Berdasco*, 18-VIII-2015 (JBAG-Laínz 22187).

LEÓN

> Puebla de Lillo, puerto de San Isidro, arroyo de la Aliviada, 43°4'46,38''N 5°21'21,76''W, 1515 m, turbera sobre cuarcitas, *Rodríguez Berdasco*, 14-VIII-2018; León, Burón, puerto de Ventaniella, Tras el Frade, 43°4'53,50''N 5°9'44,27''W, 1320 m, humedales con *Sphagnum* sp. sobre substrato cuarcítico con, entre otras, *Arnica montana* L. s. l., *Rodríguez Berdasco*, 19-VIII-2023. (phot.).

En la localidad asturiana apenas se vio una veintena de ejemplares; en las leonesas no es tan raro, y hasta abunda en la de Tras el Frade. Si aparecieren nuevas colonias en Asturias, será al oeste del concejo de Caso —cf., v. gr., Fernández Bernaldo de Quirós & García Fernández

(1987: 81); Díaz González & Vázquez (2009: 246)—, pues hacia oriente ya nos adentramos en el dominio calcáreo que abre paso a los Picos de Europa.

En lugares más accesibles al ganado de esa turbera pongueta, y por lo tanto más eutrofizados, aparece el *Eriophorum latifolium* Hoppe, visto también en los tremedales calcáreos aledaños —todo aquello es zona de mezcolanza litológica.

Carex strigosa Huds.

ASTURIAS

Oviedo, pr. La Vega, 43°23'52,00"N 5°55'51,32"W, 106 m, *Rodríguez Berdasco*, 15-V-2020 (phot.); ibid., pr. La Venta, 43°24'34,36"N 5°55'8,68"W, 112 m; ibid., pr. Los Carriles, 43°24'33,46"N 5°52'57,28"W, 125 m; ibid. Rodiella, 43°23'17,03"N 5°56'9,43"W, 98 m, aliseda junto al Nora, *Rodríguez Berdasco*, 30-V-2020; ibid., pr. Folgueres, 43° 24'19,21"N 5°52'51,18"W, 140 m, *Rodríguez Berdasco*; ibid., pr. Quintana, 43°24'1,70"N 5° 51'41,27"W, 230 m, cerca del depósito de aguas del pueblo, *Rodríguez Berdasco*, 20-VI-2020; Pravia, Quinzanas, en la aliseda ribereña del Narcea, 43°27'50,73"N 6°06'52,39"W, 15 m, *Carlón Ruiz*, 26-IV-2021; Caso, entre la Foz del Infiernu y la Foz de Moñacos, 43°14'31,19"N 5°19'2,29"N, 795 m, *Rodríguez Berdasco*, 25-V-2021 (phot.).

La especie abunda en los márgenes húmedos de la pista forestal que comunica las dos hoces casinas a las que se refiere la última de las localidades señaladas, entre los 650 y los 900 metros, lo cual representa una apreciable ampliación de su valencia ecológica en estas latitudes y hace aún más verosímiles las protocitas asturianas discutidas en Batoušek & al. (2014: 289-291). El resto de nuestras localidades son análogas a la publicada en dicho trabajo, y tan solo sirven para sustentar la afirmación de que la planta estará con seguridad ampliamente repartida por las ripisilvas del centro-occidente asturiano, aun cuando la hayan hecho pasar inadvertida lo discreto de sus inflorescencias y su parecido en estado vegetativo a congéneres como *Carex remota* L. y, sobre todo, *C. sylvatica* Huds., con la que siempre la hemos visto convivir. En Cantabria, como cabía suponer, la situación es semejante —cf. Liendo & al. (2016: 175-176).

Carex depauperata Curtis ex With.

ASTURIAS

Somiedo, entre La Riera y Viḷḷaús, 43°9'14,63''N 6°15'9,97''W, 550 m, talud de cuarcitas más o menos sombrío, *Rodríguez Berdasco*, 23-v-2021 (JBAG-Laínz 22222); ibid., Viḷḷarín, 43°5'53,92''N 6°12'9,82''W, 843 m, herbazal alto y denso junto a la carretera, con *Carex muricata* L. s.l., *Rodríguez Berdasco*, 11-vi-2021 (phot.).

Apuntalemos con esas dos citas somedanas la tevergana que, primera asturiana, hicieron JIMÉNEZ MEJÍAS & *al.* (2020: 231).

Carex punctata Gaudin

ASTURIAS

Oviedo, pr. El Rebollal, 43°23'57,72»N 5°54'51,22''W, 340 m, herbazal higroturboso sobre areniscas ferruginosas, *Rodríguez Berdasco*, 16-v-2020 (JBAG-Laínz 22169); ibid. pr. Llugarín, 43°39'58,62''N 5°84'26,98''W, 245 m, suelos húmedos en una cantera de caliza abandonada, *Rodríguez Berdasco*, 4-vii-2020 (JBAG-Laínz 22254).

Aunque relativamente común en la costa cantábrica, no conocíamos ninguna localidad tierra adentro y a semejante altitud. En la primera convive con otras especies del género, entre ellas algo que en un primer momento pensamos habría de llevarse a *Carex viridula* Michaux pero ahora, tras varias visitas al lugar con intención de apreciar su variabilidad, antes creemos referible a alguna de esas formas introgresivas que genera el encuentro entre *C. demissa* Hornem. y la propia *C. viridula* —cf. LUCEÑO & JIMÉNEZ-MEJÍAS (2007: 202).

Carex montana L.

ASTURIAS

Peñamellera Baja, pr. El Mazu, Pica Campana, 43°19'33,43''N 4°32'49,24''W, 290 m, pastizal sobre calizas orientado al norte, *Rodríguez Berdasco*, 18-v-2015 (JBAG-Laínz 22178); ibid., Robriguero, Pica Cerréu, 43°18'3,48''N 4°37'33,52''W, 800 m, *Rodríguez Berdasco*, 4-iv-2021 (phot.); ibid. pr. Merodio, La Canal, 43°17'35,26''N 4°32'5,83''W, 570 m, 9-v-2021 (phot.); Onís, entre el collado Pontigos y Covadubia, 43°18'29,55''N 4°56'18,98''W, 735 m, *Rodríguez Berdasco*,

13-IV-2017; Oviedo, Monte Naranco, pr. El Contriz, 43°23'11,18"N 5°53'17,98"W, 500 m, *Rodríguez Berdasco*, 14-III-2020 (phot.).

La localidad cabraliega en la que se reveló como planta asturiana —cf. CARLÓN & *al.* (2014: 118)— resulta ser una de tantas en el extremo oriental asturiano, donde la especie está bastante extendida y es localmente abundante.

Convive en no pocas ocasiones con *Carex umbrosa* Host y con *C. caryophyllea* Latourr., si bien el tono negruzco de su inflorescencia la delata rápidamente. También se la ha visto compartiendo hábitat con *C. flacca* Schreber y, más raramente, con *C. humilis* Leysser y *C. pulicaris* L.

No parece muy montaraz en la región, pues la hemos encontrado siempre por debajo de los 1000 m, cosa nada excepcional dadas las peculiares condiciones orográficas y climáticas de esta parte de Asturias. Si se la busca, aparecerá con certeza en alguna sierra (pre)litoral calcárea entre el Naranco y el extremo oriental —en el Sueve, por ejemplo, no debería faltar—, y bien podría alcanzar las estribaciones septentrionales de la sierra del Aramo. Ulteriores avances hacia el oeste ya se nos antojan más difíciles.

Carex frigida All.

ASTURIAS

Aller, pr. Santibanes de Murias, majada de Cuaña, 43°3'8,90"N 5°39'15,46"W, 1685 m, borde de arroyo, *Rodríguez Berdasco*, 25-VII-2017 (JBAG-Laínz 22257); ibid., majada de Valverde, 43°2'40,02"N 5°38'32,22"W, 1760 m, ladera rezumante y algo turbosa, *Rodríguez Berdasco*, 21-VIII-2020 (phot.).

Aunque la especie es conocida de localidades leonesas muy próximas —cf. DEL EGIDO & *al.* (2012a: 20-21)—, nos animamos a señalar estas dos colonias, que complementan la única asturiana conocida hasta ahora —cf. CARLÓN & *al.* (2010: 73)—. Nuestras colonias de hoy representan el límite occidental de la especie, si bien no vemos razón por la cual no pueda acabar apareciendo aún más al oeste, al menos en las montañas que orlan el puerto de Payares.

Carex rupestris All.

ASTURIAS

Aller, pico los Fueyos, 43°5'5,32"N 5°24'26,65"W, 1875 m, pastizal psicroxerófilo sobre calizas, por encima de los Puertos de Contorgán, *Rodríguez Berdasco*, 18-V-2014 (JBAG-Laínz 20322).

Esta nueva localidad nos abre otras perspectivas acerca de su distribución en la Cordillera —cf. MOLINA & *al.* (2009: 265-266)—, aunque no tantas como para hacer verosímil la cita de RIVAS MARTÍNEZ & *al.* (1984: 147), cuestionada ya en su día por AEDO & *al.* (1985: 210; cf. et CARLÓN & *al.*, 2010: 73): todo sigue apuntando a que fue *Carex pyrenaica* Wahlenb. lo que les salió al paso a sus autores en la descollante Peña Prieta. ALONSO FELPETE & *al.* (2011: 86), por su parte, al citar sin más a LAÍNZ (1963b: 73-74), parecen atribuirle una disparatada cita de Covadonga, cuando en realidad no hizo sino poner en la más estricta cuarentena una cita ajena: habría debido incluirse, como mucho, una nota del tipo de la hecha en la página 82 a propósito de la *C. hostiana*.

La especie, como también pudimos comprobar el año anterior por las mismas fechas en Pena Orniz (Somiedo-Babia), es de floración temprana, justo tras el deshielo. En la localidad allerana nuestra planta era, en compañía de un trío de prímulas que honraban su nombre genérico —*Primula intricata* Gren. & Godr., *P. veris* L. subsp. *columnae* (Ten.) Maire & Petitmegin y *P. integrifolia* L.—, de lo poco en flor a esas alturas. Es probable que en ese lugar también se encuentre la afín *Carex macrostyla* Lapeyr., pero no podemos afirmarlo al ser planta de floración más tardía. No en vano la encontramos al comienzo de la antesis casi dos meses más tarde, el 11-VII-2014, en el propio concejo, en un pequeño afloramiento calizo sobre Rubayer, a 1750 m.

Dejemos atrás las *Carex* con otros dos errores corológicos cuya enmienda no puede demorarse: que **Carex durieui** Steud. ex Kunze viva en el lago Enol, tal y como dan por bueno ALONSO FELPETE & *al.* (2011: 82), es increíble, y merece comentarios análogos a los expuestos a propósito de la *Campanula herminii* (pág. 115). La *Carex laevigata* sí es fácil que viva en las alisedas y en algún otro sitio húmedo del piedemonte septentrional silíceo del Parque Nacional, de cuyo catálogo florístico no nos apresuraríamos por lo tanto a suprimirla; mas ya inquieta ver que la única referencia es la muy problemática de Losa (1958: 265) —cf. Aedo & *al.* (1990b: 160).

Bellardiochloa variegata (Lam.) Kerguélen

LEÓN

Ponferrada, pr. puerto del Morredeiro, por debajo del pico de la Reina, 42°24′49,91″N 6°29′43,89″W, 1690 m, pastizal sobre calizas, *Rodríguez Berdasco*, 10-VIII-2018 (JBAG-Laínz 22246).

Especie cuya distribución ibérica constatada se ceñía a las altas montañas cántabro-pirenaicas —todo apunta, por ejemplo, a que las citas gallegas de *Festuca rhaetica* formalizadas por Merino (1909: 367-368) se refieren a alguna planta que hoy seguiríamos clasificando en el género *Festuca*—. Nuestra localidad berciana tiende un puente entre el núcleo cantábrico y aquel en el que, según Ana Ortega Olivencia nos informa amablemente, se fundamenta la inclusión de Orense en la secuencia corológica para FLORA IBERICA —cf. Ortega Olivencia (2020a: 156)—: Casayo, carretera a Peña Trevinca, 29TPG7299, 1800 m, sobre pizarras, 28-VII-1983, *E. Bayón, S. Castroviejo* [8831 SC] & *G. Nieto* (MA 317264, 1 & 2, sub *Festuca eskia*).

Donde la hemos visto en mayor abundancia, en nuestra Cordillera, es sobre las rocas carbonatadas, aunque no poco lavadas, del pico Ferrera (sierra de Villabandín): forma allí praderas casi monoespecíficas, de un llamativo tono dorado al agostarse.

Festuca glacialis Miégev.

ASTURIAS

Quirós, los Fontanes, 43°2′0,49″N 5°5′40,54″W, 2400 m, calizas crioturbadas, *Rodríguez Berdasco*, 12-VII-2015 (JBAG-Laínz 22164); Aller, Santibanes de Murias, la Estrella de Cuaña, 43°2′42,72″N 5°39′17,24″W, 2030 m, repisas sombrías, cubiertas largo tiempo por la nieve, de un pequeño afloramiento calcáreo, *Rodríguez Berdasco*, 25-VII-2017 (JBAG-Laínz 22162).

LEÓN

Boca de Huérgano, Agujas de Cardaño, 43°1′4,80″N 4°44′35,17″W, 2350 m, canalizo orientado al norte, sobre granodioritas, *Rodríguez Berdasco*, 16-VIII-2015 (JBAG-Laínz 22163).

Plantas cuya pequeña talla, hojas pruinosas, lemas largamente aristados y lígulas largamente auriculadas nos hizo ya en el campo pensar en la especie de Miégeville, algo que pudo luego confirmarse —sobre todo en el material de los Fontanes, aunque si en el resto lo vimos menos claro bien pudo ser por la inoperancia de nuestros métodos caseros de corte y observación microscópica— mediante el estudio de las secciones transversales de las hojas, debidamente comparadas con la lámina de FLORA IBERICA [página 731 del suplemento fotográfico al tomo XIX(I)] y con los esquemas de cortes incorporados por el propio Miégeville a los materiales del herbario Husnot que sirven de tipo para su especie (caso de P 753814).

En los niveles altos de los Picos de Europa y del macizo de Ubiña —donde parece ser mucho más escasa—, la *F. glacialis* llega prácticamente a convivir —y hasta a confundirse a simple vista en las formas más extremas— con la *F. hystrix* Boiss., si bien esta última predomina en sitios menos innivados.

Las localidades asturianas nos abren nuevas perspectivas en la distribución cantábrica de una especie que teníamos por restringida o poco menos a los Picos de Europa. Aun cuando no hemos hecho mayores esfuerzos por comprobarlas, las citas que recoge ANTHOS del Bodón, no tan lejano a nuestra localidad allerana, bien podrán ser ciertas, pues la autora de una de las referencias [PONGA PÉREZ, M.ª T. (1985). *Estudio de la flora y vegetación de las gleras calizas cantábricas*. Memoria de Licenciatura. Universidad de León] depositó en LEB materiales no solo de allí y del Mampodre sino de varios sitios de los Picos de Europa, donde pudo familiarizase con la especie. La de Somiedo, en inventario fitosociológico de gleras calcáreas de los Picos Albos, a 1870 m —cf. DÍAZ GONZÁLEZ & al. (1977: 22)—, podría entenderse algo falta de altitud y en biotopo no idóneo, y no parece haberse visto seguida de nuevas menciones, pero no deja de ser verosímil a la vista de cuanto decimos.

Hacia el este, entre los Picos de Europa y los Pirineos, GBIF y, con ella, el AFLIBER, presentan en sus mapas una ristra de extrañas localidades en el centro de Navarra, procedentes de registros del SIVIM con el signo de la longitud cambiado y que en realidad corresponden al Pirineo oriental. Pero todo está en orden si se acude a la propia SIVIM (véase lo dicho en la página 60).

Psilurus incurvus (Gouan) Schinz & Thell.

LEÓN

Puente de Domingo Flórez, Salas de la Ribera, 42°27'0,32"N 6°49'3,16"W, 415 m, suelos secos y pedregosos de pizarras, *Rodríguez Berdasco*, 25-v-2014 (JBAG-Laínz 20341) et 1-v-2017 (JBAG-Laínz 22153).

Especie fugaz, ya completamente seca en el momento de la primera de nuestras recolecciones; lo cual no dificulta reconocerla —su hábito en ese estado es igual de llamativo—, pero sí herborizarla: las espigas se le hacen a uno trizas entre los dedos —lo cual, suponemos, facilita la dispersión de las semillas.

La inclusión de León en la secuencia provincial de FLORA IBERICA —cf. ORTEGA OLIVENCIA (2000b: 390)—, se basa en nuestros materiales. Ana Ortega Olivencia también nos informa sobre un pliego de una localidad orensana muy próxima a la nuestra [Rubiá, Pardollán, junto al embalse de Peñarrubia, en pastizal terofítico, 2-v-1989, *J. Amigo & J. Giménez* (SANT 26667)] —sobre las dificultades de esclarecer la distribución en Galicia de esta especie, una y otra vez confundida con ciertas otras gramíneas de aspecto y hasta nombre semejantes, consúltese BALADRÓN & *al.* (2022: 28).

Periballia involucrata (Cav.) Janka

ASTURIAS

Ibias, entre Bustelo y Alguerdo, 42°59'34,89"N 6°47'36,83"W, 550 m, *Rodríguez Berdasco*, 28-v-2017 (JBAG-Laínz 22192); ibid., Ridiporcos, 43°4'40,66"N 6°56'15,69"W, 265 m, 20-v-2018; pr. Salvador, 43°1'28,99"N 6°56'6,25"W, 730 m, 3-vi-2018; ibid., Seroiro, 43°3'26,38"N 6°49'48,82"W, 405 m, 24-vi-2018 (phot.); Cangas del Narcea, puente de Combo, 43°6'0,14"W 6°42'14,35"W, 580 m, *Rodríguez Berdasco*, 24-vi-2018 (JBAG-Laínz 22245).

Gramínea inconfundible, emplazada con toda razón en uno de esos géneros monotípicos endémicos de la península ibérica. De Asturias solo se conocía una localidad ibiense —cf. FERNÁNDEZ PRIETO & *al.* (1982: 38)—. Estas otras vienen a demostrar que la planta está bastante extendida por las tierras bajas del concejo, e incluso que está presente en la parte más occidental de la cuenca del Narcea, constataciones esperables que explicitamos más bien como pretexto para destacar el acusado carácter pirófilo de la especie y de otras con las que convive: en Seroiro la vimos infestando una ladera solana al año siguiente de los devastadores incendios que asolaron el suroccidente asturiano a mediados de octubre del 2017. Proliferaciones semejantes observamos por entonces de otros dos endemismos occidentales —¡bien habituados en este rincón ibérico a la llama reincidente!— como *Linaria elegans* y *Silene scabriflora* subsp. *aemilii-guineae*. Este último también plagó el desfiladero de La Florida (Tineo) unos meses después del incendio de finales de julio de 2015, cubriendo de rosa tan singular paraje, por entonces renegrido. Ahora es una rareza por allí, como sucede en Seroiro con la *Periballia*; pero en el suelo esperan pacientemente, sus semillas y las de otras pirófitas germinadoras, por el fugaz derrocamiento del severo imperio de los brezos y los piornos a manos del rayo, el desaprensivo o el pirómano.

Crypsis alopecuroides (Piller & Mitterp.) Schard.

LEÓN

> Fabero, Santa Marina del Sil, cola del embalse de Bárcena, 42°39'33,21"N 6°30'37,33"W, 605 m, en fangos, *Rodríguez Berdasco*, 6-XII-2018 (JBAG-Laínz 22185).

Todo lo arriba dicho acerca de *Cyperus michelianus* —incluido el nanismo— es válido para esta gramínea: ambas especies van cogidas de la mano.

Crypsis schoenoides (L.) Lam.

LEÓN

> Los Barrios de Luna, cola N del embalse, hacia La Vega de Robledo, 42°54'41"N 5°52'49,48"W, 1095 m, *Rodríguez Berdasco*, 4-XI-2018 (JBAG-Laínz 22186).

Planta afecta a estos medios embalsados, citada tan solo de unas pocas localidades del sur provincial —cf. Penas (1984: 14-15); Díaz González & Pérez Morales (1986: 189); Rivas Martínez & *al.* (1986: 280)—. Aquí, cerca ya de la divisoria con Asturias, se vio una única y modesta colonia sobre suelos arenosos compactados.

Mibora minima (L.) Desv.

ASTURIAS

Ibias, Os Coutos, Parada, 43°0'27,28''N 6°58'3,77''W, 470 m, prado seco a la entrada del pueblo, con suelos pobres sobre esquistos sobre los que se asienta una vegetación rala, *Carlón Ruiz & Rodríguez Berdasco*, 17-IV-2010; ibid. Sena, 43°3'12,71''N 6°58'3,77W, 505 m, en litosuelos sobre esquistos, cerca de la capilla del pueblo, *Rodríguez Berdasco*, 10-IV-2019 (JBAG-Laínz 22266); ibid. Bustelo, 42°59'41,12''N 6°48'50,16''W, 530 m, en viñedos y en pastos de anuales, *Carlón Ruiz & Rodríguez Berdasco*, 15-IV-2022.

Figura en Mayor & Díaz González (2003: 757) y en Fernández Prieto & *al*. (2014: 154), pero no hemos sido capaces de encontrar ninguna cita asturiana concreta de este humilde terófito. En FCO tampoco existe material de respaldo que avalase su asturianía.

Fritillaria pyrenaica L.

ASTURIAS

Villanueva de Oscos, pr. Mourelle, pico del Valongo, 43°20'48,61''N 6°56'45,28''W, 806 m, en un espolón de esquistos, *Rodríguez Berdasco*, 17-IV-2021 (phot.).

Endemismo del norte de la península ibérica y del sur de Francia cuyo comportamiento ecológico, algo ambiguo, cabría calificar de suborófilo. En Asturias está muy extendido por buena parte de las montañas próximas al eje de la Cordillera. Luego aparece, llamativamente, en el cabo Peñes (Gozón) —cf. Mayor & *al*. (1974: 164)—, y también en alguna localidad costera vasca y gallega —cf., v. gr., Gómez Vigide & *al*. (1989: 114; si bien, como insinúan los autores, que lo haga en los acantilados de A Capelada poco tiene ya de sorprendente en ese paraje sin igual, donde la pedinosis es moneda común).

En la localidad que hoy publicamos, sita a unos 50 km de la más cercana conocida —Cueto d'Arbas, cf. Gay (1835: 354)—, la planta es una rareza, pues tan solo se vio una colonia de una veintena de ejemplares en un risco que cae a plomo sobre el río Soutelo y constituye un mirador formidable sobre el que tenemos por uno de los paisajes más bellos de la región.

A propósito, Güemes (2013a: 17) parece desconocer la presencia de esta liliácea en territorio portugués, pese a lo dicho por Aedo & *al*. (1993: 366, sub *F. nervosa*): la rutilante Flora *online* de la Sociedade Botânica Portuguesa (www.flora-on.pt), también como *F. nervosa*, la fotografía y recoge numerosas localidades de las montañas septentrionales del país.

En el plano nomenclatural, por último, y a falta de una proposición formal que lo rechace, hemos de seguir refiriéndonos a la planta con el binomen linneano —cf. Peruzzi & Jarvis (2009: 1360-1361).

Gagea lacaitae A. Terracc.

LEÓN

La Ercina, Yugueros, 42°48'37,68"N 5°11'4,73"W, 1100 m, cresta calcárea próxima al pueblo, sobre arcillas de descalcificación, en ambiente seco y soleado, *Rodríguez Berdasco*, 19-III-2017 (JBAG-Laínz 22150).

Rara por aquí, al menos en flor —cf. López González (2013: 56)—. Más abunda por la zona la *Gagea pratensis* (Pers.) Dumort., pero en prados y pastizales con suelo profundo y con algo de humedad. No se citaba de la provincia.

Tulipa sylvestris L. subsp. australis (Link) Pamp.

ASTURIAS

Lena, Puertos de la Vaḷḷota, 42°58'53,08"N 5'52'50,65"W, 1720 m, en un afloramiento de areniscas, *Rodríguez Berdasco*, 17-V-2014 (JBAG-Laínz 20342).

Laínz (1982: 74) ya auguraba con buen ojo que sería por aquí por donde el taxon, como tantos orófitos mediterráneos, se colaría en Asturias, si bien la confirmación se ha hecho de rogar: tras muchas búsquedas, no hemos logrado encontrar ninguna cita concreta y plenamente asturiana anterior a esta nuestra de hoy. La planta figura, sí, en la adenda a la flora asturiana de Mayor & Díaz González (2003: 759), con el siguiente comentario: «No frecuente. Pastizales basófilos de suelos someros crioturbados que se desarrollan sobre roquedos o rocas disgregadas en las altas montañas calcáreas centro-orientales». A decir verdad, el único otro sitio en el que por razones climáticas nos cuadra la presencia del tulipán silvestre en Asturias, fuera del macizo de Ubiña y las montañas del sur de Somiedo, es en torno a la ciertamente centro-oriental Peñe Ten (Ponga). FLORA IBERICA, dicho sea de paso, no lo da por asturiano —cf. GÜEMES (2013b: 80).

Scilla ramburii Boiss.

OURENSE

Riós, junto al regato dos Prados, pr. Fumaces, 29TPG34, 790 m, prados húmedos en vaguada, *Moreno Moral* MM0238/2002, 8-VI-2002 (herb. Sánchez Pedraja 10671).

Provincia gallega omitida en la secuencia corológica de FLORA IBERICA —cf. ALMEIDA & CRESPI (2013: 148-150)—, y eso que no faltaban menciones explícitas y fiables: a saber, de la sierra de Pitós —cf. MERINO (1909: 29)— y de las inmediaciones de las localidades de Seixalbo y As Conchas —cf. GÓMEZ VIGIDE (2016: 238)—. Dicha secuencia provincial, de manera aún menos comprensible y sin comentario de ninguna clase, omite también León, de donde la planta lleva décadas citándose, de manera fidedigna y con el debido respaldo en los herbarios —cf. LAÍNZ (1960: 36, donde se indica que, aun conviviendo a veces con la *S. verna*, difiere mucho de ella); LLAMAS (1984: 140, sub *S. beirana*); SILVA PANDO (1994: 278); MARTÍNEZ ARIAS & *al.* (2004: 271)—. También se olvidan, pese a nuestras advertencias en su día, de Asturias —cf. LASTRA & *al.* (2000: 193); CARLÓN & *al.* (2002: 100).

En lo taxónomico, nosotros preferimos otorgarle el *status* específico en lugar de subordinarla a *Scilla verna* L., habida cuenta de la profusión de nítidos caracteres diagnósticos, reunidos —arriba lo apuntábamos— incluso cuando ambos táxones viven en estrecha vecindad: a un lado los destacados en la clave de FLORA IBERICA (son en verdad llamativos sus pedúnculos florales más largos y menos rígidos, y la inflorescencia y aún más la infrutescencia, fusiforme en vez de obcónica; amén de sus hojas más anchamente triangulares y más largas en proporción al escapo), las hojas de *Scilla ramburii* son, en vivo, netamente glaucas, pruinosas y de textura menos consistente, por verde prado y más rígidas las de la *S. verna*.

También en lo ecológico difieren más de lo admitido por la FLORA: *Scilla verna* es planta muy eurioica, extendida, v. gr., por los acantilados de todo el litoral gallego y cantábrico —donde a veces adopta formas ciertamente notables, si bien con todos los visos de ser meras morfosis crasifolias como las inducidas por el salitre en casi cualquier planta, razón por la cual suscribimos la decisión de FLORA IBERICA de acoger en la variabilidad de *S. verna* s. str. las plantas costeras a las que se las han asignado nombres como *S. merinoi* y *S. odorata*, plantas a buen seguro responsables de vacilaciones diagnósticas como las expuestas por GONZÁLEZ MARTÍNEZ (2014: 92; 2015: 226)—, desde donde alcanza la propia cumbre de cimas tan diversas como el Picu Torres, la Peñe Ten o las Agujas de Cardaño, amén de turberas sobre cuarcitas y claros de encinares sobre suelos secos y calcáreos. *S. ramburii*, por nuestra experiencia en la región cantábrica occidental y en el norte de Portugal, está más especializada, restringida a prados, pastizales y amplios rellanos de roquedos, sobre suelos profundos y frescos, húmedos pero no encharcados, o solo fugazmente. En lo fenológico, por último, la especie de Boissier es, de nuevo hasta donde nos permite afirmar lo observado en el suroccidente asturiano, algo más tardía: florece durante la primera quincena de mayo, mientras que la *S. verna*, a una altitud similar, hace honor a su nombre y lo hace hasta un mes antes, durante la segunda quincena de abril.

Crocus carpetanus Boiss. & Reut.

PALENCIA

San Cebrián de Mudá, al SE de Quintanilla —junto al km 1 de la ctra. PP-2126, en pequeña cresta al E de la ctra.—, pr. Vergaño, 30TUN8349, 1100 m, pasto en la vertiente soleada de la cresta, sobre suelos con pedregosidad y algunos afloramientos rocosos silíceos, entre *Genista florida* y ejemplares de *Quercus pyrenaica*, Moreno Moral, 9-III-2014 —la colonia en plena floración—; Barruelo de Santullán, Terradillos —sobre el Santuario de Nuestra Señora del Carmen—, pr. Santa María de Nava, 30TUN9248, 1110 m, pasto entre brezal de *Calluna vulgaris* con *Erica cinerea*, *Genista florida* y *Cytisus* sp., en claros de robledal de *Quercus pyrenaica* con rebrotes del rebollo, sobre suelos soleados y erosionados, pedregosos, silíceos, Moreno Moral MM0002/2014, 9-III-2014 (herb. Sánchez Pedraja) —pequeña colonia, si bien no se recorrió toda la ladera, con numerosos ejemplares, algunos de los cuales se adentran en el sotobosque del robledal; en plena floración—; ibid., Monte la Sierra —bajo la bocamina de Cocoto, en la vertiente SW de la Peña Cocoto—, pr. Barruelo de Santullán, 30TUN9650, 1270 m, brezal de *Calluna vulgaris* y *Erica cinerea* en claros de resto de robledal de *Quercus pyrenaica* en vertiente soleada, *Moreno Moral* MM0003/2014, 9-III-2014 (herb. Sánchez Pedraja) —los suelos en este lugar son más profundos y menos pedregosos de lo habitual, con césped más tupido; no se recorrió toda esta ladera, pero da la impresión de que las colonias podrían ser nutridas y albergar cientos de ejemplares; la planta por aquí más bien empezando la floración—; ibid., sobre Vallejo de Orbó (pero en término municipal de Barruelo de Santullán), 30TUN9649, 1130 m, pasto entre brezos y *Genista florida* en claros de robledal degradado de *Quercus pyrenaica*, *Moreno Moral*, 19-II-2017 —muy pocos ejemplares—; Brañosera, sobre las Majadillas, pr. Vallejo de Orbó, 30TUN9749, 1150 m, borde de talud sobre la carretera en área de robledal degradado de *Quercus pyrenaica*, *Moreno Moral*, 19-II-2017 —muy pocos ejemplares.

Añadimos a las ya consignadas en AEDO & *al.* (2003: 49-51) un puñado de estaciones palentinas. La última se encuentra a menos de 3 km del límite con Cantabria, donde la especie sigue sin aparecer a pesar de insistentes búsquedas a lo largo de los más de 20 años trascurridos desde nuestro primer hallazgo palentino, ocurrido en Quintanilla de Corvio el 9-III-2002. Se han revisado detenidamente, sin éxito como decimos, muchos parajes que sabemos favorables para el desarrollo de la planta, en los diversos valles campurrianos, en los de Polaciones y en Liébana. Tampoco han dado fruto las prospecciones, cierto que menos concienzudas, de los enclaves con suelos arenosos de los valles de Valdelucio y el Tozo (Burgos).

«Serapias vomeracea (Burm. fil) Briq.»

Visto por fin su presunto respaldo material, podemos confirmar que la cita de Vis (Amieva), en el corazón del oriente asturiano y a casi 300 km de las más próximas poblaciones conocidas, segovianas, corresponde, como cabía esperar del hecho de que también ésta se citase en esa misma página de esa misma localidad —cf. ALONSO FELPETE & *al.* (2011: 233)—, a *S. ×ambigua*, híbrido espontáneo entre las por allí comunes *S. cordigera* y *S. lingua.*

Referencias bibliográficas

AEDO, C., C. HERRÁ, M. LAÍNZ, E. LORIENTE, G. MORENO MORAL & J. PATALLO (1985). Contribuciones a la flora montañesa, IV. *Anales Jard. Bot. Madrid* 42: 197-213.

AEDO. C., J. M. ARGÜELLES, J. M. GONZÁLEZ DEL VALLE & M. LAÍNZ (1990a). Contribuciones al conocimiento de la flora de Asturias, II. *Collect. Bot. (Barcelona)* 18: 99-116.

AEDO, C., C. HERRÁ, M. LAÍNZ & G. MORENO MORAL (1990b). Contribuciones a la flora montañesa, VII. *Anales Jard. Bot. Madrid* 42: 145-166.

AEDO, C., J. J. ALDASORO, J. M. ARGÜELLES, J. L. DÍAZ ALONSO, J. M GONZÁLEZ DEL VALLE, C. HERRÁ, M. LAÍNZ, G. MORENO MORAL, J. PATALLO & Ó. SÁNCHEZ PEDRAJA (1993). Contribuciones al conocimiento de la flora cantábrica. *Fontqueria* 36: 349-374.

AEDO, C., J. J. ALDASORO, J. M. ARGÜELLES, A. DÍAZ ALONSO, A. DÍEZ RIOL, J. M. GONZÁLEZ DEL VALLE, M. LAÍNZ, G. MORENO MORAL, J. PATALLO & Ó. SÁNCHEZ PEDRAJA (1994). Contribuciones al conocimiento de la flora cantábrica, II. *Fontqueria* 40: 67-100.

AEDO, C., J. J. ALDASORO, J. M. ARGÜELLES, A. DÍAZ ALONSO, J. M. GONZÁLEZ DEL VALLE, M. LAÍNZ, G. MORENO MORAL, J. PATALLO & Ó. SÁNCHEZ PEDRAJA (1997). Contribuciones al conocimiento de la flora cantábrica, III. *Anales Jard. Bot. Madrid* 55 (2): 321-350.

AEDO, C., J. J. ALDASORO, J. M. ARGÜELLES, A. DÍEZ RIOL, J. M. GONZÁLEZ DEL VALLE, M. LAÍNZ, G. MORENO MORAL, J. PATALLO & Ó. SÁNCHEZ PEDRAJA (1998[=1999]). Cantabricarum chorologicarum chartarum delectus. *Acta Bot. Barcinon.* 45 (Homenatge a Oriol de Bolòs): 247-273.

AEDO, C., J. J. ALDASORO, J. M. ARGÜELLES, L. CARLÓN, A. DÍEZ RIOL, J. M. GONZÁLEZ DEL VALLE, M. LAÍNZ, G. MORENO MORAL, J. PATALLO & Ó. SÁNCHEZ PEDRAJA (2000). Contribuciones al conocimiento de la flora cantábrica, IV. *Bol. Cien. Nat. R.I.D.E.A.* 46: 7-119.

AEDO, C., J. J. ALDASORO, J. M. ARGÜELLES, L. CARLÓN, A. DÍEZ RIOL, G. GÓMEZ CASARES, J. M. GONZÁLEZ DEL VALLE, A. GUILLÉN OTERINO, M. LAÍNZ, G. MORENO MORAL, J. PATALLO & Ó. SÁNCHEZ PEDRAJA (2001[=2002]). Contribuciones al conocimiento de la flora cantábrica, V. *Bol. Cien. Nat. R.I.D.E.A.* 47: 7-52.

AEDO, C., J. J. ALDASORO, J. M. ARGÜELLES, L. CARLÓN, A. DÍEZ RIOL, G. GÓMEZ CASARES, J. M. GONZÁLEZ DEL VALLE, M. LAÍNZ, G. MORENO MORAL, J. PATALLO & Ó. SÁNCHEZ PEDRAJA (2003). Contribuciones al conocimiento de la flora cantábrica, VI. *Bol. Cien. Nat. R.I.D.E.A.* 48: 7-75.

AGUIAR, C. (2003). O Eryngium viviparum Gay afinal não está extinto em Portugal. *Silva Lusitana* 11 (2): 231-232.

AIZPURU, I., C. ASEGINOLAZA, P. M. URIBE-ECHEBERRÍA, P. URRUTIA & I. ZORRAKÍN (1999). *Claves ilustradas de la flora del País Vasco y sus territorios limítrofes.* Servicio Central de Publicaciones del Gobierno Vasco. Vitoria-Gasteiz.

AL-SHEHBAZ, I. A. (2010). Rorippa. In Flora of North America Editorial Committee (eds.). *Flora of North America North of Mexico.* Vol 7. New York and Oxford. Págs. 493-506.

ALEJANDRE SÁENZ, J. A., M. LUCEÑO & J. MARTÍN (2001). Drosera longifolia L. (Droseraceae) en el Sistema Ibérico (España). *Anales Jard. Bot. Madrid* 58(2): 357-358.

Alejandre Sáenz, J. A., V. J. Arán Redó, J. Benito Ayuso, M.ª J. Escalante Ruiz, J. M.ª García-López, G. Mateo Sanz, C. Molina Martín, G. Montamarta Prieto, S. Patino Sánchez, M. Á. Pinto Cebrián & J. Valencia Janices (2004). Adiciones a la flora de la provincia de Burgos, II. *Flora Montiberica* 26: 26-49.

Alejandre Sáenz, J. A., P. Bariego Hernández, J. Benito Ayuso, M.ª J. Escalante Ruiz, J. M.ª García López, L. Marín Padellano, G. Mateo Sanz, E. Miguélez del Coso, C. Molina Martín, G. Montamarta Prieto, J. Patino Sánchez, M.ª A. Pinto Cebrián. & J. Valencia Janices (2006). *Atlas de la flora vascular silvestre de Burgos.* Junta de Castilla y León. Caja Rural de Burgos. Burgos.

Alejandre Sáenz, J. A., V. J. Arán Redó, P. Barbadillo Escrivá de Romaní, P. Bariego Hernández, J. J. Barredo Pérez, J. Benito Ayuso, M.ª J. Escalante Ruiz, J. M.ª García-López, L. Marín Padellano, G. Mateo Sanz, C. Molina Martín, G. Montamarta Prieto, S. Patino Sánchez, M. Á. Pinto Cebrián & J. Valencia Janices (2009). Adiciones y revisiones al atlas de la flora vascular silvestre de Burgos, II. *Flora Montiberica* 42: 3-26.

Alejandre Sáenz, J. A., V. J. Arán Redó, P. Barbadillo Escrivá de Romaní, P. Bariego Hernández, J. J. Barredo Pérez, J. Benito Ayuso, M.ª J. Escalante Ruiz, J. M.ª García-López, L. Marín Padellano, G. Mateo Sanz, C. Molina Martín, G. Montamarta Prieto, S. Patino Sánchez, J. M. Pérez de Ana, M. Á. Pinto Cebrián & J. Valencia Janices (2010). Adiciones y revisiones al atlas de la flora vascular silvestre de Burgos, III. *Flora Montiberica* 44: 32-58.

Alejandre Sáenz, J. A., V. J. Arán Redó, P. Barbadillo Escrivá de Romaní, P. Bariego Hernández, J. J. Barredo Pérez, J. Benito Ayuso, M.ª J. Escalante Ruiz, J. M.ª García-López, L. Marín Padellano, G.

Mateo Sanz, C. Molina Martín, G. Montamarta Prieto, S. Patino Sánchez, J. M. Pérez de Ana, M. Á. Pinto Cebrián & J. Valencia Janices (2011). Adiciones y revisiones al atlas de la flora vascular silvestre de Burgos, IV. *Flora Montiberica* 47: 36-56.

Alejandre Sáenz, J. A., P. Barbadillo Escrivá de Romaní, J. J. Barredo Pérez, J. Benito Ayuso, M.ª J. Escalante Ruiz, J. M.ª García-López, L. Marín Padellano, G. Mateo Sanz, C. Molina Martín, G. Montamarta Prieto & M. Á. Pinto Cebrián (2012). Adiciones y revisiones al atlas de la flora vascular silvestre de Burgos, V. *Flora Montiberica* 50: 81-99.

Alejandre Sáenz, J. A., V. J. Arán Redó, P. Barbadillo Escrivá de Romaní, J. J. Barredo Pérez, J. Benito Ayuso, M.ª J. Escalante Ruiz, J. M.ª García-López, R. M.ª García Valcarce, L. Marín Padellano, G. Mateo Sanz, C. Molina Martín, G. Montamarta Prieto, M. Á. Pinto Cebrián & A. Rodríguez García (2012). Adiciones y revisiones al atlas de la flora vascular silvestre de Burgos, VI. *Flora Montiberica* 53: 109-137.

Alejandre Sáenz, J. A., E. Álvarez Gómez, V. J. Arán Redó, P. Barbadillo Escrivá de Romaní, J. J. Barredo Pérez, J. Benito Ayuso, M.ª J. Escalante Ruiz, J. M.ª García-López, R. M.ª García Valcarce, L. Marín Padellano, G. Mateo Sanz, C. Molina Martín, G. Montamarta Prieto, J. M. Pérez de Ana, M. Á. Pinto Cebrián & A. Rodríguez García (2014). Adiciones y revisiones al atlas de la flora vascular silvestre de Burgos, VII. *Flora Montiberica* 56: 53-79.

Alejandre Sáenz, J. A., J. A. Arizaleta Urarte & J. Benito Ayuso (2023a). *Sobre los pliegos del herbario MA (Real Jardín Botánico de Madrid) que se pueden atribuir a Xavier de Arizaga (1750-1830).* Monografías de Botánica Ibérica 26. Vitoria.

Alejandre Sáenz, J. A., J. J. Barredo Pérez, M.ª J. Escalante Ruiz, J. M.ª García-López, J.

R. López Retamero, M. Á. Pinto Cebrián, J. M. Uría del Olmo & J. Villasante Llarena (2023b). Adiciones y revisiones al atlas de la flora vascular silvestre de Burgos, XIII. *Flora Montiberica* 85: 87-102.

Almeida da Silva, R. M. & A. L. Crespi (2013). «Scilla L.». In E. Rico, M. B. Crespo, A. Quintanar, A. Herrero & C. Aedo (eds.). *Flora iberica. Vol. XX. Liliaceae-Agavaceae.* CSIC. Madrid. Págs. 145-156.

Alonso Felpete, J., S. González Robinson, A. Fernández Rodríguez, I. Sanzo Rodríguez, A. Mora Cabello de Alba, Á. Bueno Sánchez & T. E. Díaz González (2011). Catálogo florístico del Parque Nacional Picos de Europa. *Doc. Jard. Bot. Atlántico (Gijón)* 8.

Álvarez, M. Á. & M. Morey (1978). Nota sobre la presencia de cinco especies de los géneros Trifolium, Lotus y Medicago (Fabaceae) nuevas para la flora asturiana. *Bol. Inst. Estud. Asturianos, Supl. Ci.* 23: 99-106.

Amaral Franco, J. do (1986). «Juniperus L.». In S. Castroviejo, M. Laínz, G. López González, P. Montserrat, F. Muñoz Garmendia, J. Paiva & L. Villar. (eds.). *Flora iberica. Vol. I. Lycopodiaceae-Papaveraceae.* CSIC. Madrid. Págs. 181-188.

Amigo, J. (2006). Los herbazales terofíticos higronitrófilos en el noroeste de la Península Ibérica (Bidentetea tripartitae Tüxen, Lohmeyer & Preising ex von Rochow 1951). *Lazaroa* 27: 43-58.

Amigo, J. & M. A. Rodríguez Guitián (2010). Apuntes sobre la flora gallega, XVIII. *Botanica complutensis* 34: 57-63.

Amigo, J., F. Bellot [†], M. Buide, M. Buján, B. Casaseca [†], J. Castro, E. Fagúndez, X. R. García-Martínez, J. Guitián, P. Guitián, J. Izco, A. R. Larrinaga, R. I. Louzán, M. Medrano, J. Mouriño, S. Ortiz, Í. Pulgar, L. G. Quintanilla, V. Rial, J. Rodríguez-Oubiña, M. I. Romero, D. G. San León, J. M. Sánchez & X. Soñora [†] (2007). Aportaciones corológicas a la flora gallega del Herbario SANT. *Bol.*

BIGA 2: 125-132 [Documento en línea, creado el 21 de diciembre de 2007]. Disponible desde Internet en: http://www.biga.org

Antolín Álvarez, L. & I. Prieto Sarro (2017). *Toponimia de Pinos.* Ed. Club Xeitu.

Argüelles, J. M., J. Delgado & M. Laínz (1984). Contribuciones al conocimiento de la flora de Asturias, I. *Bol. Cien. Nat. I.D.E.A,* 33: 3-14.

Argüelles, J. M., A. Díez Riol, A. Guillén & M. Laínz (1997). Fragmenta chorologica occidentalia, 6281-6282. *Anales Jard. Bot. Madrid* 55 (2): 455.

Argüelles, J. M., L. Carlón, G. Gómez Casares, J. M. González del Valle, M. Laínz, G. Moreno Moral & Ó. Sánchez Pedraja (2005). Contribuciones al conocimiento de la flora cantábrica, VII. *Bol. Cien. Nat. R.I.D.E.A.* 49: 147-193.

Aseginolaza Iparragirre, C., D. Gómez García, X. Lizaur Sukia, G. Montserrat Martí, G. Morante Serrano, M. R. Salaverria Monfort, P. M. Uribe-Echebarria Díaz & J. A. Alejandre Sáenz (1985). *Catálogo Florístico de Álava, Vizcaya y Guipúzcoa.* Servicio Central de Publicaciones del Gobierno Vasco. Vitoria-Gasteiz.

Baladrón González, J., J. J. Pino Pérez, X. R. García Martínez, R. Pino Pérez, J. B. Blanco-Dios & F. J. Silva-Pando (2022). Aportaciones a la Flora de Galicia. XIII. *Boletín BIGA* 20: 5-43.

Bascones, J. C. (1982). Pteridófitos de la Navarra húmeda. *Acta Bot. Malacitana* 7: 199-202.

Batoušek, P., L. Carlón & C. Cihalik (2014). La centroeuropea Carex strigosa Huds. (Cyperaceae), rara y muy localizada en la península Ibérica, se confirma como planta asturiana. In J. A. Fernández Prieto, V. M. Vázquez, Á. Bueno Sánchez & E. Cires (eds.). Notas corológicas, sistemáticas y nomenclaturales para el Catálogo de la Flora Vascular del Principado de Asturias. II. *Doc. Jard. Bot. Atlántico (Gijón)* 11: 271-315.

Björk, C. R. (2020). Notes on the Holarctic species of Huperzia (Lycopodiaceae), with emphasis on British Columbia, Canada. *Ann. Bot. Fennici* 57: 255-278.

Blanco Fontao, B., M. Quevedo & J. R. Obeso (2011). Abandonment of traditional uses in mountain areas – typological thinking vs. hard data in the Cantabrian Mountains (NW Spain). *Biodiversity and Conservation* 20: 1133-1140.

Bleeker, W., C. Weber-Sparenberg & H. Hurka (2002). Chloroplast DNA variation and biogeography in the genus Rorippa Scop. (Brassicaceae). *Plant biol.* 4: 104-111.

Braun-Blanquet, J. (1967). Vegetationsskizzen aus dem Baskenland mit Ausblicken auf das weitere Ibero-Atlantikum. II Teil. *Vegetatio* 14: 1-126.

Buord, S., M. Couderc, H. Couderc & J. P. Reduron (1999). Incidences conservatories et systématiques d'une étude morphologique, biologique et cytogénétique de l'Eryngium viviparum Gay, taxon au bord de l'extinction. *Bull. Soc. Bot. du Centre-Ouest, Nouvelle Série,* 19: 197-208.

Calvo, J., C. Aedo & F. Muñoz-Garmendia (2015). Proposal to reject the name Rosa ferruginea (Rosaceae), with a note on R. glauca. *Taxon* 64 (2): 391.

Campbell, N., J. Peacock & K. L. Bacon (2023). A repeatable scoring system for assessing Smartphone applications ability to identify herbaceous plants. *PloS One* 2023 Apr 5;18(4):e0283386.

Canalís, V., X. Baulies, T. Sebastià & E. Ballesteros (1984). Aportació al coneixement florístic de L'Alta Ribagorça i de la Vall d'Aran. *Butll. Inst. Cat. Hist. Nat.* 51 (*Sec. Bot.* 5): 135-137.

Carapeto, A., A. Francisco, P. Pereira & M. Porto (eds.) (2020). *Lista Vermelha da Flora Vascular de Portugal Continental.* Sociedade Portuguesa de Botânica, Associação Portuguesa de Ciência da Vegetação - PHYTOS e Instituto da Natureza e das Florestas (coord.). Colecção «Botânica em Português» vol. 7. Lisboa.

Carbó Nadal, R., M. Mayor López, J. Andrés Rodríguez & J. M. Losa Quintana (1978 [«1977»]). Aportaciones al catálogo florístico de la provincia de León. *Acta Botanica Malacitana* 3: 63-120.

Carlón, L., M. Mayor & J. J. Lastra (2002). Atlas corológico de la flora asturiana, II. *Bol. Cien. Nat. R.I.D.E.A.* 48: 77-110.

Carlón, L., G. Gómez Casares, M. Laínz, G. Moreno Moral & Ó. Sánchez Pedraja (2003). Más, a propósito de algunas Orobanche (Orobanchaceae) del noroeste peninsular y de su tratamiento en Flora ibérica vol. XIV (2001). *Doc. Jard. Bot. Atlántico (Gijón)* 1.

Carlón, L., G. Gómez Casares, M. Laínz, G. Moreno Moral & Ó. Sánchez Pedraja (2002). A propósito de algunas Orobanche (Orobanchaceae) del norte y este de la Península Ibérica. *Doc. Jard. Bot. Atlántico (Gijón)* 2.

Carlón, L., J. M. González del Valle, M. Laínz, G. Moreno Moral, J. M. Rodríguez Berdasco & Ó. Sánchez Pedraja (2010). Contribuciones al conocimiento de la flora cantábrica, VIII. *Doc. Jard. Bot. Atlántico (Gijón)* 7.

Carlón, L., M. Laínz, G. Moreno Moral, J. M. Rodríguez Berdasco & Ó. Sánchez Pedraja (2014). Contribuciones al conocimiento de la flora cantábrica, IX. *Doc. Jard. Bot. Atlántico. (Gijón)* 10 [publicación digital, ISBN: 978-84-695-9440-7. Accesible en: https://sede.gijon.es/es/publicaciones/documento-10-contribuciones-al-conocimiento-de-la-flora-cantabrica-ix].

Castroviejo, S. (1986). «Phegopteris (C. Presl) Fée». In S. Castroviejo, M. Laínz, G. López González, P. Montserrat, F. Muñoz Garmendia, J. Paiva & L. Villar. (eds.). *Flora iberica. Vol. I. Lycopodiaceae-Papaveraceae.* CSIC. Madrid. Págs. 81-83.

Castroviejo, S. (2007). «Cyperus L.». In S. Castroviejo, M. Luceño, A. Galán, P. Jiménez

MEJÍAS, F. CABEZAS & L. MEDINA (eds.). *Flora iberica. Vol. XVIII. Cyperaceae-Pontederiaceae.* CSIC. Madrid. Págs. 8-27.

CATALÁN, P. & I. AIZPURU (1984). Pteridófitos del monte Jaizkibel (Guipúzcoa). *Anales Biol. Univ. Murcia* 1: 253-259.

CHATER, A. O. & T. C. G. RICH (1995). Rorippa islandica (Oeder ex Murray) Borbás (Brassicaceae) in Wales. *Watsonia* 20: 229-238.

CHERMEZON, H. (1920). Aperçu sur la végétation du littoral asturien. *Bulletin de la Société Linnéenne de Normandie.* ser 7. 3: 159-213.

COLLADO PRIETO, M. A. (2017). 121 - Otra localidad de Culcita macrocarpa C. Presl en el Principado de Asturias. In J. A. FERNÁNDEZ PRIETO, V. M. VÁZQUEZ, Á. BUENO SÁNCHEZ, E. CIRES & H. S. NAVA FERNÁNDEZ (eds.). Notas corológicas, sistemáticas y nomenclaturales para el Catálogo de la Flora Vascular del Principado de Asturias. III. *Naturalia Cantabricae* 5 (1): 1-41.

DELAHAYE, T. (2007). Quelques records d'altitude… à battre! *Bull. Soc. Mycol. Bot. Région Chambérienne* 12: 21.

DELGADO SÁNCHEZ, L., M. M. MARTÍNEZ ORTEGA, P. MARCOS VILLAVERDE, D. PINTO CARRASCO, B. M. ROJAS ANDRÉS, B. LÓPEZ GONZÁLEZ, L. M. MUÑOZ CENTENO & E. RICO HERNÁNDEZ (2003). Veronica micrantha Hoffmanns. & Link. In Á. BAÑARES, G. BLANCA, J. GÜEMES, J. C. MORENO & S. ORTIZ (eds.). *Atlas y Libro Rojo de la Flora Vascular Amenazada de España.* Dirección General de Conservación de la Naturaleza. Madrid. Págs. 136-137.

DESJARDINS, S., A. SHAW & J. WEBB (2020). Hybridisation and introgression in British Heloscidium (Apiaceae). *British & Irish Botany* 2(1): 27-42.

DEVESA, J. A. (2000). «Ononis L.». In S. TALAVERA, C. AEDO, S. CASTROVIEJO, C. ROMERO ZARCO, L. SÁEZ, F. J. SALGUEIRO & M. VELAYOS (eds.). *Flora iberica. Vol. VII(II). Leguminosae (partim).* CSIC. Madrid. Págs. 589-646.

DEVESA, J. A., E. LÓPEZ, V. R. INVERNÓN & G. LÓPEZ (2012). Centaurea sect. Calcitrapa (Heister ex Fabr.) DC. en la península Ibérica. *Lagascalia* 32: 241-260.

DÍAZ DE LA GUARDIA & G. BLANCA (2017). «Tragopogon L.». In S. TALAVERA, A. BUIRA, A. QUINTANA, M. Á. GARCÍA, M. TALAVERA, P. FERNÁNDEZ PIEDRA & C. AEDO (eds.). *Flora iberica. Vol. XVI(II). Compositae (partim).* CSIC. Madrid. Págs. 795-812.

DÍAZ GONZÁLEZ, T. E. (2014). Mapas de vegetación de las series, permaseries y geopermaseries de España 1:25.000: Asturias. *Global Geobotany* 3: 1-34.

DÍAZ GONZÁLEZ, T. E. & C. PÉREZ MORALES (1986). De plantis legionensis (sic). Nota VIII. *Studia botanica* 5: 185-190.

DÍAZ GONZÁLEZ, T. E. & J. A. FERNÁNDEZ PRIETO (1994). Paisaje vegetal de Asturias: guía de la excursión. *Itinera Geobotanica* 8: 5-242.

DÍAZ GONZÁLEZ, T. E & A. VÁZQUEZ (2009). *Guía de las joyas de la Botánica de Asturias.* Ediciones Trea. Gijón.

DÍAZ GONZÁLEZ, T. E., M.ª DEL C. FERNÁNDEZ-CARVAJAL & J. A. FERNÁNDEZ PRIETO (1977): Juncus cantabricus, sp. nova, *Trab. Dept. Bot. Univ. Oviedo* 2: 3-24.

DÍAZ GONZÁLEZ, T. E., J. A. FERNÁNDEZ PRIETO & J. M. CARBALLO GONZÁLEZ (1980). Datos sobre la presencia de Silene quadridentata, Hymenolobus pauciflorus, Astragalus australis, Androsace lactea y otras fanerógamas de interés, en la cordillera Cantabrica y sus estribaciones. *Bol. Cien. Nat. I.D.E.A.* 25: 101-121.

DIXON, C. J. & G. M. SCHNEEWEISS (2007). Proposal to reject the name Androsace carnea (Primulaceae). *Taxon* 56 (2): 612-613.

DIXON, C. J., P. SCHÖNSWETTER & G. M. SCHNEEWEISS (2007). Traces of ancient range shifts in a mountain plant group (Androsace halleri complex, Primulaceae). *Molecular Ecology* 16: 3890-3901.

DUNKEL, F. G. (2021). Contribution to the knowledge of the Ranunculus auricomus complex (Ranunculaceae) in Spain. *Stapfia* 112: 5-59.

DURÁN GÓMEZ, J. A. (2014) *Catálogo de la Flora Vascular de Cantabria*. Monografías de Botánica Ibérica 13. Jaca: Jolube, consultor y editor botánico.

DURÁN GÓMEZ, J. A., J. BERZOSA ARÁNGUEZ, E. BLANCO CASTRO, A. CEBALLOS HORNA, J. GOÑI HERNANDO, G. VALDEOLIVAS BARTOLOMÉ & J. VARAS COBO (2019). Adiciones y revisiones del catálogo de la flora vascular de Cantabria, II. *Flora Montiberica* 75: 77-93.

EDEES, E. S. & A. NEWTON (1988). *Brambles of the British Isles*. London. The Ray Society.

EDGAR, R. C. (2004). MUSCLE: multiple sequence alignment with high accuracy and high throughput. *Nucleic Acids Research* 32(5): 1792-1797.

EGIDO, F. DEL, E. PUENTE GARCÍA, F. GÓMIZ GARCÍA & E. PAZ CANURIA (2005). De plantis legionensibus. Notula XVIII. *Acta Botanica Malacitana* 30: 166-169.

EGIDO, F. DEL, E. PUENTE GARCÍA & M.ª J. LÓPEZ PACHECO (2007). De plantis legionensibus. Notula XXI. *Lazaroa* 28: 115-122.

EGIDO, F. DEL, M.ª FERNÁNDEZ CAÑEDO, E. PUENTE GARCÍA & M.ª J. LÓPEZ PACHECO (2011). De plantis legionensibus. Notula XXVI. *Lagascalia* 31: 186-197.

EGIDO, F. DEL, M.ª FERNÁNDEZ PACHECO, E. PUENTE GARCÍA & M.ª J. LÓPEZ PACHECO (2012a). Notas sobre flora leonesa amenazada. *Flora Montiberica* 51: 16-32.

EGIDO, F. DEL, M.ª FERNÁNDEZ PACHECO, N. FERRERAS JIMÉNEZ, E. PUENTE GARCÍA & M.ª J. LÓPEZ PACHECO (2012b). Notas sobre flora leonesa amenazada, II. *Lazaroa* 33: 207-216.

EGIDO, F. DEL, M.ª FERNÁNDEZ PACHECO, N. FERRERAS JIMÉNEZ, E. PUENTE GARCÍA & M.ª J. LÓPEZ PACHECO (2012c). De plantis legionensibus. Notula XXVII. *Lagascalia* 32: 298-305.

EGIDO, F. DEL, M.ª FERNÁNDEZ CAÑEDO, P. BARIEGO, E. PUENTE & M.ª J. LÓPEZ PACHECO (2017). Notas sobre flora leonesa amenazada, III. *Lazaroa* 38: 67-74.

EGIDO, F. DEL, P. BARIEGO, A. RODRÍGUEZ & M.ª SANTOS VICENTE (2020). Notes on protected and threatened plants in Castilla y León (North-West Spain). *Mediterranean Botany* 41(2): 213-220.

EHRENDORFER, F., M. H. J. BARFUSS, J.-F. MANEN & G. M. SCHNEEWEISS (2018). Phylogeny, character evolution and spatiotemporal diversification of the species-rich and world-wide distributed tribe Rubieae (Rubiaceae). *PLoS ONE* 13(12): e0207615 https://doi.org/10.1371/journal.pone.0207615

FAGÚNDEZ, J. (2003): Novedades provinciales de la flora del término municipal de Ferrol (A Coruña, NO de la Península Ibérica). *Bot. Complut.* 27: 71-75.

FERNÁNDEZ BERNALDO DE QUIRÓS, C. & E. GARCÍA FERNÁNDEZ (1987). *Lagos y lagunas de Asturias*. Ayalga ed. Salinas (Asturias).

FERNÁNDEZ ORDÓÑEZ, M.ª DEL C., J. A. FERNÁNDEZ PRIETO & M. Á. COLLADO PRIETO (1984). Una nueva localidad de Culcita macrocarpa en Asturias: datos sobre su ambiente vegetal. *Bol. Cien. Nat. I.D.EA.* 33: 49-61.

FERNÁNDEZ ORDÓÑEZ, M.ª DEL C., J. A. FERNÁNDEZ PRIETO, A. GARCÍA RODRÍGUEZ & M. Á. COLLADO PRIETO (2009). Sphagnum pylaesii en el Principado de Asturias. In F. LLAMAS & C. ACEDO (coord.). *Botánica pirenaico-cantábrica en el siglo XXI*. Págs. 115-122. Universidad de León.

FERNÁNDEZ PRIETO, J. A. (1983). Aspectos geobotánicos de la Cordillera Cantábrica. *Anales Jard. Bot. Madrid* 39 (2): 489-513.

FERNÁNDEZ PRIETO, J. A. (2014). 54. Sobre la correcta autoría de Salix ×vazquezii. In J. A. FERNÁNDEZ PRIETO, V. M. VÁZQUEZ, Á. BUENO & E. CIRES (eds.). Notas corológicas, sistemáticas y nomenclaturales para el Catálogo de la Flora Vascular del Principado de Asturias. II. *Doc. Jard. Bot. Atlántico (Gijón)* 11: 271-315.

FERNÁNDEZ PRIETO, J. A. & Á. BUENO SÁN-CHEZ (1996). *La Reserva Integral de Muniellos: flora y vegetación.* Cuadernos de Medio Ambiente – Naturaleza 1. Consejería de Agricultura. Principado de Asturias. Oviedo.

FERNÁNDEZ PRIETO, J. A & V. M. VÁZQUEZ (2009). Diversidad y fitogeografía de los rosales silvestres (género *Rosa* L.) en la Reserva de la Biosfera de Somiedo (Asturias, España). *Bol. Cien. Nat. R.I.D.E.A.* 50: 311-331.

FERNÁNDEZ PRIETO, J. A., T. E. DÍAZ GONZÁLEZ & J. M. CARBALLO (1982). Anotaciones sobre la flora astur. *Bol. Cien. Nat. I.D.E.A.* 30: 23-40.

FERNÁNDEZ PRIETO, J. A., M.ª DEL C. FERNÁNDEZ ORDÓÑEZ & M. Á. COLLADO (1985). Sobre algunas plantas turfófilas asturianas. *Bol. Inst. Estud. Asturianos, Supl. Ci.* 36: 163-164.

FERNÁNDEZ PRIETO, J. A., M.ª DEL C. FERNÁNDEZ ORDÓÑEZ & M. Á. COLLADO (1987). Datos sobre la vegetación de las turberas de esfagnos galaico-asturianas y orocantábricas. *Lazaroa* 7: 443-471.

FERNÁNDEZ PRIETO, J. A., C. AGUIAR, E. DIAS, M. Á. FERNÁNDEZ CASADO & J. HOMET (2008). The genus Huperzia (Lycopodiaceae) in the Azores and Madeira. *Botanical Journal of the Linnean Society* 158: 522-533.

FERNÁNDEZ PRIETO, J. A, E. CIRES, Á. BUENO, V. M. VÁZQUEZ & H. S. NAVA (2014). Catálogo de las plantas vasculares del Principado de Asturias. *Doc. Jard. Bot. Atlántico* (Gijón) 11.

FERNÁNDEZ PRIETO, J. A., V. M. VÁZQUEZ, Á. BUENO, E. CIRES, H. S. NAVA & L. CARLÓN (2020a, eds.). Notas corológicas, sistemáticas y nomenclaturales para el Catálogo de la Flora Vascular del Principado de Asturias, IV. *Naturalia Cantabricae* 8 (Especial): 61-113.

FERNÁNDEZ PRIETO, J. A., J. AMIGO, Á. BUENO, M. HERRERA, M. A. RODRIGUEZ GUITIÁN & J. LOIDI (2020b). Nota 1: Justificación de una nueva delimitación de los territorios iberoatlánticos peninsulares. In J. A. FERNÁNDEZ PRIETO, J. AMIGO, A. BUENO, M.

HERRERA, M. A. RODRÍGUEZ-GUITIÁN & J. LOIDI (eds.). Notas sobre el Catálogo de comunidades de plantas vasculares de los territorios iberoatlánticos (I). *Naturalia Cantabricae* 8(2): 18-24.

FERNÁNDEZ PRIETO, J. A., J. AMIGO, Á. BUENO, M. HERRERA, M. A. RODRÍGUEZ-GUITIÁN & J. LOIDI (2023). Bosques y orlas forestales de los territorios atlánticos del Noroeste Ibérico. *Guineana* 23.

FINCH, R.A. & P. D. SELL (1976): «Leontodon L.». In T. G. TUTIN, V. H. HEYWOOD, N. A. BURGES, D. M. MORE, D. H. VALENTINE, S. M. WALTERS & D. A. WEBB (eds.). *Flora europaea* 4. Plantaginaceae to Compositae (and Rubiaceae). Cambridge University Press. Págs. 310-315.

FOCKE, W. O. (1911). *Species ruborum. Monographiae generi Rubus prodromus. Pars III (opus finiens).* Stuttgart.

FRASER-JENKINS, C. R. & M. LAÍNZ (1983). Culcita macrocarpa. A new locality in Spain. *Fern Gaz.,* 12 (5): 299-301.

FRÖHNER, S. (1998). «Alchemilla L.». In F. MUÑOZ GARMENDIA & C. NAVARRO (eds.). *Flora iberica. Vol. VI. Rosaceae.* CSIC. Madrid. Págs. 195-357.

GANDOGER, M. (1917). *Catalogue des plantes récoltées en Espagne et en Portugal pendant mes voyages de 1894 à 1912.* París.

GALICIA HERBADA, D., S. HUMBERT, L. MORENO RIVERO, J. C. MORENO SAIZ & H. SAINZ OLLERO (2001). Cartografía Corológica Ibérica. Aportaciones 108-122. *Bot.complut.* 25: 380-407.

GARCÍA, M. A. (2012). «Cuscuta L.». In S. TALAVERA, C. ANDRÉS, M. ARISTA, M. P. FERNÁNDEZ PIEDRA, M. J. GALLEGO, P. L. ORTIZ, C. ROMERO ZARCO, F. J. SALGUEIRO, S. SILVESTRE & A. QUINTANAR (eds.). *Flora iberica. Vol. XI. Gentianaceae-Boraginaceae.* CSIC. Madrid. Págs. 292-310.

GARCÍA LÓPEZ, J. M.ª (2011). *La flora protegida.* Colección «Otros burgaleses». Caja de Burgos.

García López, J. M.ª & C. Allué Camacho, (2007). *Plantas silvestres de la provincia de Valladolid.* Ed. Caja de Burgos. 551 pp. Burgos.

García Martín, F. (2003). «Ferulago W. D. J. Koch». In G. Nieto Feliner, s. l. Jury & A. Herrero (eds.). *Flora iberica. Vol. X. Araliaceae-Umbelliferae.* CSIC. Madrid. Págs. 335-343.

García Martínez, X. R., E. Valdés Bermejo, F. J. Silva Pando, V. Rodríguez Gracia & F. Gómez Vigide (1991). Aportaciones a la Flora de Galicia, IV. *Nova Acta Científica Compostelana (Bioloxía)* 2: 41-56.

García Murillo, P. (1989). *El género Potamogeton L. en la Península Ibérica.* Tesis doctoral. Universidad de Sevilla.

Gay, J. (1836). Duriaei iter asturicum botanicum, anno 1835 susceptum. *Ann. Sci. Nat, Bot., 2.ª série*, 6: 113-137, 213-225, 340-355.

Giménez de Azcárate Cornide, J. & J. Amigo Vázquez (1996). Inventario da flora vascular dos afloramientos calios de Galicia. (Pteridophyta e Spermatophyta). *Cadernos da Área de Ciencias Biolóxicas (Inventarios) do Seminario de Estudos Galegos* 12.

Giménez de Azcárate, J., M.ª I. Romero Buján & J. Amigo (1991). Apuntes sobre la flora gallega, XI. *Bol. Soc. Brot., 2.ª ser.* 64: 159-172.

Gómez Casares, G. (2014). Flora del Valle de Cereceda. *Luz de Liébana* 464: 16-17.

Gómez Vigide, F. (2016). El Herbario FGV. *Boletín BIGA* 15.

Gómez Vigide, F. & J. M. Martínez Laborde (2000). Rorippa curvisiliqua (Cruciferae), nueva en Europa. *Anales Jard. Bot. Madrid* 58: 186-188.

Gómez Vigide F., X. R. García Martínez, E. Valdés Bermejo, F. J. Silva Pando & V. Rodríguez Gracia (1989). Aportaciones a la flora de Galicia, III. In Silva Pando, F. J. (ed.). Sobre flora y vegetación de Galicia. Grupo Botánico Galego. Xunta de Galicia.

González Bueno, A., M. A. Carrasco & D. Perea (2015). Un par de pliegos enrevesados de Miguel Barnades Mainader y Esteban de Prado en el Herbario del Real Colegio Alfonso XII de San Lorenzo de El Escorial (Madrid). *Bot. complut.* 39: 115-119.

González de Paz, L. (2012). *Flora y Vegetación de la Cabrera Baja (León): valoración del estado de conservación.* Universidad de León. Departamento de Biodiversidad y Gestión Ambiental (Área de Botánica).

González Martínez, X. I. (2014). Nuevos datos sobre flora vascular de Galicia (NO ibérico). *Nova Acta Científica Compostelana (Bioloxía)* 21: 85-97.

González Martínez, X. I. (2015). Apuntes sobre varios taxones gallegos (NW de la Península Ibérica). *Acta Bot. Malacitana* 40: 222-229.

González Martínez, X. I., C. Boullón Agrelo, J. Calvo Vázquez & S. Rodríguez Leal (2021). Nuevas aportaciones al conocimiento de la flora vascular gallega. *Acta Bot. Malacitana* 46: 135-141.

Gredilla, A. F. (1911). *Biografía de José Celestino Mutis con la relación de su viaje y estudios practicados en el Nuevo Reino de Granada.* Junta de Ampliación de Estudios e Investigaciones Científicas. Madrid.

Grupo Botánico Cantábrico (2005+). Card Index. Distribution of Echium cantabricum (M. Laínz) Fern. Casas & M. Laínz. [http://www.farmalierganes.com/Flora/Angiospermae/Boraginaceae/Echium/Echium_cantabricum_Fdez-Casas_et_Lainz.htm]

Grupo Botánico Cantábrico (2006+). Addenda et corrigenda. 107 Echium cantabricum (M. Laínz) Fern. Casas & M. Laínz. [http://www.farmalierganes.com/Otrospdf/publica/Cantabria_Lista-Roja-Plantas-Vasculares_Vascular-Plant-Red-list/Cantabria_Lista-Roja-Plantas_Plant-Red-list_addenda-et-corrigenda.htm]

Güemes, J. (2013a). «Fritillaria L.». In E. Rico, M.B. Crespo, A. Quintanar, A. Herrero & C. Aedo (eds.). *Flora iberica. Vol. XX. Liliaceae-Agavaceae.* CSIC. Madrid. Págs. 15-22.

GÜEMES, J. (2013b). «Tulipa L.». In E. RICO, M.B. CRESPO, A. QUINTANAR, A. HERRERO & C. AEDO (eds.). *Flora iberica. Vol. XX. Liliaceae-Agavaceae.* CSIC. Madrid. Págs. 74-80.

GUINEA, E. (1947). De mi primer viaje botánico a Picos de Europa. *Anales Jard. Bot. Madrid* 7: 335-356.

GUINEA, E. (1953). *Geografía botánica de Santander.* Santander.

HORN, K., TH. FRANKE, M. UNTERSEHER, M. SCHNITTLER & L. BEENKEN (2013). Morphological and molecular analyses of fungal endophytes of achlorophyllous gametophytes of Diphasiastrum alpinum (Lycopodiaceae). *Annals of Botany* 100: 2158-2174.

IBÁÑEZ, N., I. SORIANO & J. M. MONTSERRAT (2009). L'herbari Bernades a l'Institut Botànic de Barcelona (BC). *Collect. Bot. (Barcelona)* 28: 31-63.

IZCO, J. (2021). Epilobium brachycarpum C. Presl in Europe: forty years later. *Nova Acta Científica Compostelana* 28: 1-12.

JAUZEIN, PH. (2014). Brassicaceae Burnett = Cruciferae Juss. In J.-M. TISON, Ph. JAUZEIN & H. MICHAUD. *Flore de la France méditerranéenne continentale.* CBNM Porquerolles Naturalia publications. Turriers. Págs. 990-1071.

JIMÉNEZ-ALFARO, B., L. CARLÓN, E. FERNÁNDEZ PASCUAL, C. ACEDO, E. ALFARO SAIZ, R. ALONSO REDONDO, E. CIRES, F. DEL EGIDO MAZUELAS, S. DEL RÍO, T. E. DÍAZ GONZÁLEZ, M. E. GARCÍA GONZÁLEZ, C. LENCE, F. LLAMAS, H. NAVA, Á. PENAS, M. A. RODRÍGUEZ GUITIÁN & V. M. VÁZQUEZ (2021). Checklist of the vascular plants of the Cantabrian Mountains. *Mediterranean Botany* 42 e74570. https://dx.doi.org/10.5209/mbot.74570

JIMÉNEZ MEJÍAS, P., J. A. CALLEJA, L. MARTÍN TORRIJOS, A. OTERO, S. MARTÍN BRAVO (2020). Citas y apuntes corológicos de interés en ciperáceas ibéricas. *Act. Bot. Malacitana* 45: 231-233.

JONSELL, B. (1968). Studies in the north-west european species of Rorippa s.str. *Symb. Bot. Upsal.* XIX.

KAPLAN, Z. (2000). Galium L. Sect- 8. Kolgyda Dumort. In B. SLAVÍK, J. CHRTEK jun. & J. ŠTĚPÁNKOVÁ (eds.) *Květena České republiky* vol. 6. Praga. Págs. 150-156.

KÖRNER, CH. (2011). Coldest place on Earth with angiosperm plant life. *Alpine Botany* 121(1):11-22.

KÜPFER, PH. (1981). Les processus de différenciation des taxons orophiles en Méditerranée Occidentale. *Anales Jard. Bot. Madrid* 37: 321-337.

LADERO, M. (1975). Limosella aquatica L. (Scrophulariaceae) en Extremadura. *Anales Inst. Bot. A. J. Cavanilles* 32(2): 1489-1491.

LAGUNA, M. (1890). *Flora forestal española* [2.ª ed.] Segunda parte. Madrid: Imprenta del Colegio Nacional de Sordo-Mudos y de Ciegos.

LAÍNZ, M. (1960). Aportaciones al conocimiento de la flora cántabro-astur, IV. *Bol. Inst. Estud. Asturianos, Supl. Ci.* 1: 3-42.

LAÍNZ, M. (1961). Aportaciones al conocimiento de la flora cántabro-astur, V. *Bol. Inst. Estud. Asturianos, Supl. Ci.* 3: 147-186.

LAÍNZ, M (1962). Aportaciones al conocimiento de la flora cántabro-astur, VI. *Bol. Inst. Estud. Asturianos, Supl. Ci.* 5: 3-43.

LAÍNZ, M (1963a). Sobre las recolecciones botánicas mierenses del siglo XVIII. *Bol. Inst. Estud. Asturianos, Supl. Ci.* 8: 78-83.

LAÍNZ, M (1963b). Aportaciones al conocimiento de la flora cántabro-astur, VII. *Bol. Inst. Estud. Asturianos, Supl. Ci.* 7: 35-81.

LAÍNZ, M. (1967). Aportaciones al conocimiento de la flora gallega, V. *Anales I.F.I.E.* XII: 1-51.

LAÍNZ, M. (1970). Aportaciones al conocimiento de la flora cántabro-astur, IX. *Bol. Inst. Estud. Asturianos, Supl. Ci.* 15: 3-45.

LAÍNZ, M. (1973). Aportaciones al conocimiento de la flora cántabro-astur, X. *Bol. Inst. Estud. Asturianos, Supl. Ci.* 16: 159-206.

Laínz, M. (1976). Aportaciones al conocimiento de la flora cántabro-astur, XI. *Bol. Inst. Estud. Asturianos, Supl. Ci.* 22: 3-44.

Laínz, M. (1979). Aportaciones al conocimiento de la flora cántabro-astur, XII. *Bol. Soc. Brot. Sér.* 2, 53: 29-54.

Laínz, M. (1980[«1978»]). Más sobre Lagasca y su viaje cantábrico. *Anales Inst. Bot. A. J. Cavanilles* 35: 417-421.

Laínz, M. (1982). *Mis contribuciones al conocimiento de la flora de Asturias.* Instituto de Estudios Asturianos. Oviedo.

Laínz. M. (1984). Hymenophyllum tunbrigense (L.) Sm.: ulterior aportación corológica. *Anales Jard. Bot. Madrid* 40: 473-474.

Laínz. M. (1988a). Discurso del doctorando Manuel Laínz Gallo. In *Acto académico de investidura como doctores «honoris causa» a los excelentísimos señores D. Rafael Lapesa Melgar y D. Manuel Laínz Gallo. Noviembre, 1985.* Universidad de Oviedo. Págs. 51-61.

Laínz, M. (1988b). Sobre las más importantes contribuciones del Prof. Montserrat al conocimiento florístico de la Cordillera Cantábrica. *Homenaje a Pedro Montserrat.* IEA – CSIC – IPE. Págs. 73-78.

Laínz, M. (2000). ¿Qué Trifolium es el que alcanza —como único, al parecer— las cumbres de Urbión y Cebollera? *Anales Jard. Bot. Madrid* 58: 193.

Larsén, E. & C. Rydin (2016). Disentangling the phylogeny of Isoetes (Isoetales), using nuclear and plastid data. *Int J. Pl. Sci.* 177:157-174.

Larsén, E., N. Wikström, A. Khodabandeh & C. Rydin (2022). Phylogeny of Merlin's grass (Isoetaceae): revealing an «Amborella syndrome» and the importance of geographic distribution for understanding current and historical diversity. *BMC Ecology and Evolution* 22: artículo 32.

Lastra, J. J. (1995). Fragmenta chorologica occidentalia, 5544-5545. *Anales Jard. Bot. Madrid* 53(1): 117.

Lastra, J. J. (2003). Datos florísticos cantábricos III. *Bol. Cien. Nat. R.I.D.E.A.* 48: 193-195.

Lastra, J. J. & M. Mayor (1978). Nota florística sobre Grado y sus contornos. *Rev. Fac. Cienc. Univ. Oviedo.* 17-18-19: 309-315.

Lastra, J. J., M. Mayor & H. Gunnemann (1992). Umbilicus heylandianus Webb & Berth. y Rhamnus cathartica L. en Somiedo (Asturias). *Magister* 10: 253-258.

Lastra, J. J. & M. Mayor (1997). Fragmenta chorologica occidentalia, 5934-5937. *Anales Jard. Bot. Madrid* 55(1): 152-153.

Lastra, J. J., M. Mayor, M. Fernández Benito & J. Martínez González (2000). Melilotus spicatus (Sm.) Breistr. y otras novedades florísticas cantábricas. *Anales Jard. Bot. Madrid* 58(1): 192-193.

Leresche, L. & É. Levier (1881). *Deux excursions botaniques dans le nord de l'Espagne et le Portugal en 1878 et 1879.* Imprimerie Georges Bridel. Lausana.

Liendo, D., J. A. Campos, I. Biurrun, I. García Mijangos (2016). New contributions to the native and alien flora in riparian habitats of the Cantabrian watershed (Nothern Spain). *Lazaroa* 37: 173-182.

Lizaur, X. (1994). Precisiones y datos complementarios al «Catálogo florístico de Álava, Vizcaya y Guipúzcoa». *Munibe (Ciencias Naturales – Natur Zientziak)* 46: 93-96.

Lizaur Sukia, X. (2003). Actualización (Suplemento) del: «Araba, Bizkaia eta Gipuzkoako landare katalogoa-Catálogo florístico de Álava, Vizcaya y Guipúzcoa» (1984). Lurralde Antolamendu eta Ingurumen Saila-Departamento de Ordenación del Territorio y Medio Ambiente. Eusko Jaurlaritza-Gobierno Vasco. 228 págs. (Documento inédito).

Llamas, F. (1984). *Flora y vegetación de la Maragatería (León).* Institución «Fray Bernardino» de la Excma. Diputación Provincial de León.

López González, G. (1986). De linnaei plantis hispanicis novitates nonnullae. II. *Anales Jard. Bot. Madrid* 42(2): 319-324.

López González, G. (1994). ¿Rorippa pyrenaica (All.) Rchb. o R. stylosa (Pers.) Mansf.

& Rothm.? (Cruciferae). *Anales Jard. Bot. Madrid* 52(1): 98-102.

López González, G. (1995). Un nombre nuevo para Sedum candollei Raym.-Hamet, nom. illeg. [Mucizonia sedoides (DC.) D. A. Webb]. *Anales Jard. Bot. Madrid* 52(2): 221-223.

López González, G. (2013). «Gagea Salisb.». In E. Rico, M. B. Crespo, A. Quintanar, A. Herrero & C. Aedo (eds.). *Flora iberica. Vol. XX. Liliaceae-Agavaceae.* CSIC. Madrid. Págs. 22-74.

Losa España, T. M. (1942). Plantas de los alrededores de Riaño (León). *Anales Jard. Bot. Madrid* 2: 172-187.

Losa. T. M. (1958). Catálogo de las plantas que se encuentran en los montes palentino-leoneses. Plantas de los alrededores de Riaño (León). *Anales Inst. Bot. Cavanilles* 15: 243-376.

Losa, T. M. & P. Montserrat (1953). Nueva aportación al estudio de la flora de los montes cántabro-leoneses. *Anales Inst. Bot. Cavanilles* 11 (2): 385-462.

Luceño, M. & P. Jiménez Mejías (2007). «Carex L. Sect. 28: Ceratocystis Dumort.». In S. Castroviejo, M. Luceño, A. Galán, P. Jiménez Mejías, F. Cabezas & L. Medina (eds.). *Flora iberica. Vol. XVIII. Cyperaceae-Pontederiaceae.* CSIC. Madrid. Págs. 191-204.

Mabry, M. E., S. D. Turner-Hissong, E. Y. Gallagher, A. C. McAlvay, H. An, P. P. Edger, J. D. Moore, D. A. C. Pink, G. R. Teakle, C. J. Stevens, G. Barker, J. Labate, D. Q. Fuller, R. G. Allaby, T. Beissinger, J. E. Decker, M. A. Gore, J. Chris Pires (2021). The evolutionary history of wild, domesticated, and feral Brassica oleracea (Brassicaceae). *Molecular Biology and Evolution* 38: 4419-4434.

Magnanon, S. & Y. Guillevic (2013). Eryngium viviparum J. Gay en France: bilan et perspectives en terme de préservation. *Bull. Soc. Bot. du Centre-Ouest, Nouvelle Série* 44: 3-42.

Marhold, K. (2011+). Rubiaceae (pro parte majore). In Euro+Med Plantbase - the information resource for Euro-Mediterranean plant diversity [https://europlusmed.org/cdm_dataportal/taxon/c1a058de-7426-48a2-a0fa-d7820123f953].

Martínez, C. (1935). *Contribución al estudio de la flora asturiana.* Madrid.

Martínez Arias, E., A. Fernández Rodríguez & M. E. García González (2004). Fragmentos taxonómicos, corológicos, nomenclaturales y fitocenológicos (135-145). 139. Nuevas citas y correcciones a Flora iberica para plantas del NW de la provincia de León. *Acta Bot. Malacitana* 29: 268-273.

Martínez Laborde, J. B. (1993). «Rorippa Scop.». In S. Castroviejo, C. Aedo, C. Gómez Campo, M. Laínz, P. Montserrat, R. Morales, F. Muñoz Garmendia, G. Nieto Feliner, E. Rico, S. Talavera & L. Villar (eds.). *Flora iberica. Vol. IV. Cruciferae-Monotropaceae.* CSIC. Madrid. Págs. 106-117.

Mateo, G. (1996). *La correspondencia de Carlos Pau: medio siglo de Historia de la Botánica española.* Monografías de Flora Montiberica n.º 1.

Mavrodiev, E. V., M. Chester, V. N. Suárez-Santiago, C. L. Visger, R. Rodríguez, A. Susanna, R. M. Baldini, P. S. Soltis & D. E. Soltis (2015). Multiple origins and chromosomal novelty in the allotetraploid Tragopogon castellanus (Asteraceae). *New Phytologist* 206: 1172-1183.

Mayor, M., T. E. Díaz & F. Navarro (1974). Aportación al conocimiento de la flora y vegetación del Cabo Peñas (Asturias). *Bol. Inst. Estud. Asturianos, Supl. Ci.* 19: 93-154.

Mayor, M. & T. E. Díaz González (1977). *La flora asturiana.* Salinas.

Mayor, M. & M. Fernández Benito (1995). Fragmenta chorologica occidentalia, 5320-5321. *Anales Jard. Bot. Madrid* 52 (2).

Mayor, M. & T. E. Díaz González (2003). *La flora asturiana. Edición actualizada.* Oviedo.

Medina, L. & M. Fernández-Albert (2013). Phyteia se integra en Anthos. *Conservación Vegetal* 17: 32.

MEDINA, L., P. BARBERÁ, A. BUIRA, F. J. TOMÉ & C. AEDO (2015): Limosella aquatica L. en la Comunidad de Madrid. *Acta Botanica Malacitana* 40: 211-212.

MEDINA GAVILÁN, J. L. (2021). Una breve reflexión sobre la importancia de la revisión de datos en los repositorios digitales de biodiversidad vegetal, a propósito de un caso español. *Flora Montiberica* 81: 23-24.

MENÉNDEZ VALDERREY, J. L. (2014+). Centaurea bofilliana. In asturnatura.com [https://www.asturnatura.com/especie/centaurea-bofilliana] ISSN 1887-5608.

MERINO, B. (1902). Viajes de herborización por Galicia. *Razón y Fe*. Vol. 5: 348-360.

MERINO, B. (1909). *Flora descriptiva é ilustrada de Galicia*. Vol. 3. Santiago de Compostela.

MOLINA, J. A. (2021). Habitat differentiation and geographic separation of Isoetes velata populations in central Iberian Peninsula. *Botanica Complutensis* 45: e75525

MOLINA, A., C. ACEDO & F. LLAMAS (2009). Ciperáceas de interés en la Cordillera Cantábrica. In F. LLAMAS & C. ACEDO (coords.). *Botánica Pirenaico-Cantábrica en el siglo XXI*: 245-277. Universidad de León.

MONASTERIO-HUELIN, E. (1997). Fragmenta chorologica occidentalia, 5919-5926. *Anales Jard. Bot. Madrid*, 55 (1): 151-152.

MONASTERIO-HUELIN, E. (1998). «Rubus L.». In F. MUÑOZ GARMENDIA & C. NAVARRO (eds.). *Flora iberica. Vol. VI. Rosaceae*. CSIC. Madrid. Págs. 16-71.

MOREYRA, L. D., F. MÁRQUEZ, A. SUSANNA, N. GARCÍA-JACAS, F. M.ª VÁZQUEZ & J. LÓPEZ-PUJOL (2021). Genesis, Evolution, and Genetic Diversity of the Hexaploid, Narrow Endemic *Centaurea tentudaica*. *Diversity* 13: 72. doi.org/10.3390/d13020072

MUÑOZ GARMENDIA, F. (1986). «Selaginella PB. (nom. cons.)». In S. CASTROVIEJO, M. LAÍNZ, G. LÓPEZ GONZÁLEZ, P. MONTSERRAT, F. MUÑOZ GARMENDIA, J. PAIVA & L. VILLAR. (eds.). *Flora iberica. Vol. I. Lycopodiaceae-Papaveraceae*. CSIC. Madrid. Págs. 12-14.

NAVA, H. S. (1980). Datos sobre la flora centro-oriental asturiana. *Rev. Fac. Cienc. Univ. Oviedo* 20-21: 109-115.

NAVA, H. S. (1985). Nuevas aportaciones a la flora picoeuropeana. *Fontqueria* 9: 1-4.

NAVA, H. S. (1988). Flora y vegetación orófila de los Picos de Europa. *Ruizia* 6.

NAVA, H. S., Mª FERNÁNDEZ CASADO (2002). Asientos para un atlas corológico de la flora occidental, 25. Mapa 0052 (Adiciones). In F. J. FERNÁNDEZ CASAS & A. J. FERNÁNDEZ SÁNCHEZ (eds.). *Cavanillesia altera* 1.

NAVA, H. S. & M.ª FERNÁNDEZ CASADO (2014). Acerca de la presencia de Isoetes duriaei Bory (Isoetaceae) en Asturias. In J. A. FERNÁNDEZ PRIETO, V. M. VÁZQUEZ, Á. BUENO SÁNCHEZ & E. CIRES RODRÍGUEZ (eds.). Notas corológicas, sistemáticas y nomenclaturales para el catálogo de la Flora Vascular del Principado de Asturias. II. *Doc. Jard. Bot. Atlántico* 11: 285.

NAVARRO ANDRÉS, F. (1976). Datos para el catálogo florístico del Aramo y sus estribaciones (Asturias), II: De Euphorbiaceae a Lamiaceae (Labiatae). *Rev. Fac. Ci. Oviedo* 16: 243-281.

NAVARRO ANDRÉS, F. & VALLE GUTIÉRREZ, C. J. (1984). Vegetación herbácea del centro-occidente zamorano. *Stud. Bot. Univ. Salamanca* 3: 63-177.

NIETO FELINER, G. (1985). Estudio crítico de la flora orófila del suroeste de León: Montes Aquilianos, Sierra del Teleno y Sierra de la Cabrera. *Ruizia* 2.

ORTEGA OLIVENCIA, A. (2020a). «Bellardiochloa Chiov.». In J. A. DEVESA, C. ROMERO ZARCO, A. BUIRA, A. QUINTANAR & C. AEDO (eds.). *Flora iberica. Vol. XIX (I). Gramineae (partim)*. CSIC. Madrid. Págs. 152-156.

ORTEGA OLIVENCIA, A. (2020b). «Psilurus Trin.». In J. A. DEVESA, C. ROMERO ZARCO, A. BUIRA, A. QUINTANAR & C. AEDO (eds.). *Flora iberica. Vol. XIX(I). Gramineae (partim)*. CSIC. Madrid. Págs. 387-390.

ORTEGA OLIVENCIA, A. & J. A. DEVESA (2007). «Galium L.». In J. A. DEVESA, R. GONZALO & A. HERRERO (eds.). *Flora iberica Vol. XV. Rubiaceae-Dipsacaceae.* CSIC. Madrid. Págs. 56-162.

PAIVA, J. (1997). «Drosera L.». In S. CASTROVIEJO, C. AEDO, M. LAÍNZ, R. MORALES, F. MUÑOZ GARMENDIA, G. NIETO FELINER & J. PAIVA (eds.). *Flora iberica. Vol. V. Ebenaceae-Saxifragaceae.* CSIC. Madrid. Págs. 74-78.

PARISOD, CH., R. HOLDEREGGER & CH. BROCHMANN (2010). Evolutionary consequences of polyploidy. *New Phytologist* 186: 5-17.

PAU, C. (1893). Plantas españolas recogidas el año pasado por mi distinguido amigo y colega Sr. A. E. Lomax, de Liverpool, según muestras enviadas por él mismo. In «Actas de la Sociedad Espaola de Historia Natural». *Anales de la Sociedad Española de Historia Natural. Serie II.* 2 (XXII): 77-89.

PEINADO LORCA, M. & J. M. MARTÍNEZ PARRAS (1982). Notas corológicas sobre las provincias orocantábrica y atlántica. *Anales Jard. Bot. Madrid,* 38 (2): 532-534.

PENAS, Á. (1984). Nuevos táxones para la flora leonesa. *Lagascalia* 13 (1): 3-16.

PÉREZ CARRO, J., T. E. DÍAZ GONZÁLEZ, & M. P. FERNÁNDEZ ARECES (1989). Acerca de Equisetum x font-queri Rothm., más precisiones corológicas sobre Culcita macrocarpa K. Presl. *Anales Jard. Bot. Madrid* 45 (2): 550-551.

PÉREZ DE ANA, J. M. (2014). Nuevas citas de flora amenazada y rara en el País Vasco. *Munibe* 62: 103-117.

PERUZZI, L. & C. E. JARVIS (2009). Typification of Linnaean names in Liliaceae. *Taxon* 58 (4): 1359-1365.

PIMENOV, M. G., E. V. KLJUYKOV & T. A. OSTROUMOVA (2007). Critical taxonomic analysis of Dichoropetalum, Johrenia, Zeravschania and related genera of Umbelliferae-Apioideae-Peucedaneae. *Willdenowia* 37: 465-502.

PINO PÉREZ, J. J., J. L. CAMAÑO & R. PINO PÉREZ (2007). Asientos corológicos, LOU 2004. *Bol. BIGA* 2: 35-109. [Documento en línea, creado el 21 de diciembre de 2007]. Disponible desde Internet en: http://www.biga.org

PODLECH, D. (1999). «Astragalus L.». In S. TALAVERA, C. AEDO, S. CASTROVIEJO, C. ROMERO ZARCO, L. SÁEZ, F. J. SALGUEIRO & M. VELAYOS (eds.). *Flora iberica. Vol. VII(I). Leguminosae (partim).* CSIC. Madrid. Págs. 279-338.

PRADA, C. (1986). «Isoetes L.». In S. CASTROVIEJO, M. LAÍNZ, G. LÓPEZ GONZÁLEZ, P. MONTSERRAT, F. MUÑOZ GARMENDIA, J. PAIVA & L. VILLAR. (eds.). *Flora iberica. Vol. I. Lycopodiaceae-Papaveraceae.* CSIC. Madrid. Págs. 15-20.

PRADA, C. & C. H. ROLLERI (2003). Caracteres diagnósticos foliares en táxones ibéricos de Isoetes L. (Isoetaceae, Pteridophyta). *Anales Jard. Bot. Madrid* 60(2): 371-386.

PUENTE GARCÍA, E., M.ª J. LÓPEZ PACHECO, F. LLAMAS GARCÍA & Á. PENAS MERINO (1995). Aportaciones al conocimiento del género Spergula L. *Lagascalia* 18(1): 15-24.

PUENTE GARCÍA, E., F. DEL EGIDO MAZUELAS, M.ª FERNÁNDEZ CAÑEDO, M.ª J. LÓPEZ PACHECO (2018). *Flora protegida de León.* Universidad de León.

RAMOS GUTIÉRREZ, I., H. LIMA, S. PAJARÓN, C. ROMERO ZARCO, LL. SÁEZ, L. PATARO, R. MOLINA VENEGAS, M. Á. RODRÍGUEZ, J. C. MORENO-SAIZ (2021). Atlas of the vascular flora of the Iberian Peninsula biodiversity hotspot (AFLIBER). *Global Ecol. Biogeogr.* 30: 1951-1957.

REINOSO, J. & J. RODRÍGUEZ-OUBIÑA (1987). Hallazgo de Huperzia selago (L.) Berhn. ex Schrank & Mart. subsp. selago en Galicia. *Acta Botanica Malacitana* 12: 254.

RIVAS MARTÍNEZ, S. & C. SÁENZ DE RIVAS (1978). Sobre Leontodon bourgaeanus Willk. (Asteraceae). *Anal. Inst. Bot. Cavanilles* 35: 155-157.

Rivas Martínez, S., T. E. Díaz González, J. A. Fernández Prieto, J. Loidi & Á. Penas (1984). *La vegetación de la alta montaña cantábrica. Los Picos de Europa*. León.

Rivas Martínez, S., Á. Penas & T. E. Díaz González (1986). Datos sobre vegetación terofítica y nitrófila leonesa. Nota II. *Acta Bot. Malacitana* 11: 273-288.

Rodríguez García, A., E. Alfaro Saiz, R. Alonso Redondo & M. E. García González (2014). Aportaciones a la flora de las zonas húmedas de la provincia de Palencia. *Flora Montiberica* 56: 29-46

Rodríguez García, A., E. Alfaro Saiz, R. Alonso Redondo & M. E. García González (2015). Aportaciones a la flora de las zonas húmedas de la provincia de Palencia, II. *Flora Montiberica* 61: 124-130.

Rodríguez Guitián, M. A., C. Real, J. Amigo & R. Romero (2003). The Galician-Asturian beechwoods (Saxifrago spathularidis-Fagetum sylvaticae): description, ecology and differentiation from other Cantabrian woodland types. *Acta Bot. Gallica* 150 (3): 285-320.

Rodríguez Guitián, M. A., J. Amigo & J. Izco (2009). Pastizales calcífilos de lastón (Brometalia erecti) en el occidente de la Cordillera Cantábrica. In F. Llamas & C. Acedo (eds.). *Botánica Pirenaico-Cantábrica en el siglo XXI*: 595-616. Área Publ. Univ. León. León.

Röll, J. (1897). Beiträge zur Laubmoosflora von Spanien. *Repertorium für kryptogamische Literatur (Beiblatt zur «Hedwigia»)* 36(2): 37-42.

Romero Buján, M.ª I. (2008). *Catálogo da flora da Galicia*. Monografías do IBADER. Lugo.

Romero Buján, M.ª I. & C. Real (2005). A morphometric study of the closely related taxa in the European Isoetes velata complex. *Botanical Journal of the Linnean Society* 148: 459-464.

Romero Buján, M.ª I. & C. Real (2014). Morphometric characterization of Eryngium viviparum (Umbelliferae): description of a new subspecies from the Iberian Peninsula. *Phytotaxa* 158: 245-254.

Romero Buján, M.ª I. & M. Rubinos (2003). «Eryngium viviparum J. Gay». In Á. Bañares, G. Blanca, J. Güemes, J. C. Moreno & S. Ortiz (eds.). *Atlas y Libro Rojo de la Flora Vascular Amenazada de España*. Dirección General de Conservación de la Naturaleza. Madrid. Págs. 694-695.

Romero Buján, M.ª I., J. Amigo & M. A. Rodríguez Guitián (2006). El género Isoetes L. en Galicia: clave para la identificación de especies según la ornamentación y tamaño de las macrósporas. *Nova Acta Científica Compostelana (Bioloxía)* 15: 47-52.

Romero Buján, M.ª I., M. A. Rodríguez Guitián & M. Rubinos (2004a). Adiciones al catálogo pteridológico gallego. *Botanica Complutensis* 28: 51-55.

Romero Buján, M.ª I., P. Ramil & M. Rubinos (2004b). Conservation status of Eryngium viviparum Gay. *Acta Botanica Gallica* 151: 54-64.

Romero León, F., Á. Duque Urraca, J. M. Carral Coo, J. Berasategi Lamas, Á. Pombo Lavín, G. Moreno Moral, J. J. Rodríguez Velasco & M. Andrés Bravo (2022). El máximo pluviométrico de los Montes de Pas: gradientes y nuevas estimaciones. *Calendario Meteorológico 2022. Información meteorológica y climatológica de España*: 336-349. Agencia Estatal de Meteorología (AEMET). Publipinters Global S. L. Madrid.

Romero Zarco, C. (1999). «Vicia L.». In S. Talavera, C. Aedo, S. Castroviejo, C. Romero Zarco, L. Sáez, F. J. Salgueiro & M. Velayos (eds.). *Flora iberica. Vol. VII(I). Leguminosae (partim)*. CSIC. Madrid. Págs. 360-417.

Romero Zarco, C. (2010). «Juncus L.». In S. Talavera, M. J. Gallego, C. Romero Zarco & A. Herrero (eds.). *Flora iberica. Vol. XVII. Butomaceae-Juncaceae*. CSIC. Madrid. Págs. 123-187.

Ronquist, F., M. Teslenko, P. van der Mark, D. Ayres, A. Darling, S. Höhna, B.

LARGET, L. LIU, M. A. SUCHARD & J. P. HUEL-SENBECK. (2012). MrBayes 3.2: efficient Bayesian phylogenetic inference and model choice across a large model space. *Systematic Biology* 61:539-542.

RUIZ DE GOPEGUI, A. & Y. RUIZ (2012). Aportaciones a la flora de la montaña palentina y su área de influencia. *Acta Bot. Malacitana* 37: 188-196.

RUIZ DE GOPEGUI, J. A., T. GARCÍA, A. MARCOS, Y. RUIZ, N. ZUBELZU & A. RODRÍGUEZ (2011). Distribución y estatus poblacional de Echium cantabricum (M. Laínz) Fern. Casas & M. Laínz (Boraginaceae) en la cordillera Cantábrica (España). *Actes del IX Col·loqui Internacional de Botànica Pirenaico-cantàbrica a Ordino, Andorra*: 389-397.

SÁEZ GONYALONS, LL., H. S. NAVA & J. A. FERNÁNDEZ PRIETO (2020). 128- Sistemática y nomenclatura de Isoetes velata subsp. asturicensis. In J. A. FERNÁNDEZ PRIETO, V. M. VÁZQUEZ, Á. BUENO, E. CIRES, H. S. NAVA & L. CARLÓN (2020a). Notas corológicas, sistemáticas y nomenclaturales para el Catálogo de la Flora Vascular del Principado de Asturias, IV. *Naturalia Cantabricae* 8 (Especial): 6.

SALE, P. F. (1978). Coexistence of coral reef fishes — a lottery for living space. *Environmental Biology of Fishes* 3: 85-102.

SÁNCHEZ AGUDO. J. A., L. DELGADO SÁNCHEZ, D. RODRÍGUEZ DE LA CRUZ, Á. AMOR MORALES, L. M. MUÑOZ CENTENO, C. ACEDO & F. AMICH GARCÍA (2019). Veronica micrantha Hoffmanns. & Link. In J. C. MORENO SAIZ, J. M. IRIONDO ALEGRÍA, F. MARTÍNEZ GARCÍA, J. MARTÍNEZ RODRÍGUEZ & C. SALAZAR MENDÍAS (eds.). *Atlas y Libro Rojo de la Flora Vascular Amenazada de España. Adenda 2017*. Ministerio para la Transición Ecológica-Sociedad Española de Biología de la Conservación de Plantas. Madrid. Págs. 108-109.

SÁNCHEZ PEDRAJA, Ó., G. MORENO MORAL, L. CARLÓN, R. PIWOWARCZYK, M. LAÍNZ, G. M. SCHNEEWEISS (2016+). *Index of*

Orobanchaceae [http://www.farmalierganes.com/Otrospdf/publica/Orobanchaceae%20Index.htm, ISSN: 2386-9666]

SÁNCHEZ RODRÍGUEZ, J.A (1986). Aportaciones a la flora zamorana, II. *Lagascalia* 14: 35-44.

SÁNCHEZ-VILLEGAS, R., B. QUIRÓS DE LA PEÑA, M. SÁNCHEZ-VILLEGAS, F. J. DE SANDE VELICIA, J. CASTRO CASTRO, J. L. ROBLES FERNÁNDEZ, L. F. ESTÉVEZ RODRÍGUEZ, C. SÁNCHEZ BENZ, L. SÁNCHEZ BENZ, B. MARTÍN GARCÍA, J. L. MENÉNDEZ VALDERREY, S. M. SANTERO GARCÍA, S. J. GONZÁLEZ CARRERA, J. C. RICO JIMÉNEZ, I. ÁLVAREZ PADILLA, N. HERNÁNDEZ HERNÁNDEZ, B. HERNÁNDEZ DE LA TORRE BENZAL, P. VARGAS GÓMEZ & M. LUCEÑO GARCÉS (2022). Novedades corológicas y nomenclaturales para la flora vascular de la Sierra de Gredos (Sistema Central), III. *Flora Montiberica* 82: 24-30.

SANCHO ÁVILA, J. M., J. RIESCO MARTÍN, C. JIMÉNEZ ALONSO, Mª C. SÁNCHEZ DE COS ESCUIN, J. MONTERO CADALSO & M.ª LÓPEZ BARTOLOMÉ (2012). *Atlas de radiación solar en España utilizando datos del SAF de Clima de EUMETSAT*. Agencia Estatal de Meteorología [https://www.aemet.es/documentos/es/serviciosclimaticos/datosclimatologicos/atlas_radiacion_solar/atlas_de_radiacion_24042012.pdf]

SCHÖNSWETTER, P., M. MAGAUER & G. SCHNEEWEISS (2015). Androsace halleri subsp. nuria Schönsw. & Schneew. (Primulaceae), a new taxon from the eastern Pyrenees (Spain, France). *Phytotaxa* 201 (3): 227-232.

SILVA PANDO, F.J. (1994). Flora y series de vegetación de la Sierra de Ancares. *Fontqueria* 40: 233-388.

SNOGERUP, S., P. F. ZIKA & J. KIRSCHNER (2002). Taxonomic and nomenclatural notes on Juncus. *Preslia* 74: 247-266.

SOÑORA, F. X. (1992). Notas pteridológicas de Galicia, IV. *Acta Bot. Malacitana* 17: 282-286.

SPALIK, K., J.-P. REDURON & S. R. DOWNIE (2003). The phylogenetic position of Peucedanum sensu lato and allied genera and their placement in tribe Selineae (Apiaceae, subfamily Apioideae). *Plant Systematics and Evolution* 243:189-210.

SPOELHOF, J. P., P. S. SOLTIS & D. E. SOLTIS (2017). Pure polyploidy: Closing the gaps in autopolyploid research. *Journal of Systematics and Evolution* 55: 340-352.

SUDRE, H. (1908-1913). *Rubi Europae*. Lhomme. París.

TAO, C. & F. EHRENDORFER (2011). Galium L. In Z. Y. WU, P. H. RAVEN & D. Y. HONG, eds. 2011. *Flora of China. Vol. 19 (Cucurbitaceae through Valerianaceae, with Annonaceae and Berberidaceae)*. Science Press, Beijing, and Missouri Botanical Garden Press, St. Louis. Págs. 104-141.

TAIYAN, Z., L. LIANLI, Y. GUANG & A. AL-SHEHBAZ (2001). Rorippa. In Z. Y. WU & P. H. RAVEN (eds.). *Flora of China*. Vol. 8. Science Press, Beijing, and Missouri Botanical Garden Press, St. Louis. Págs. 147-151.

TALAVERA, S. (1990). «Silene L.». In S. CASTROVIEJO, M. LAÍNZ, G. LÓPEZ GONZÁLEZ, P. MONTSERRAT, F. MUÑOZ GARMENDIA, J. PAIVA & L. VILLAR (eds.). *Flora iberica. Vol. II. Platanaceae-Plumbaginaceae (partim)*. CSIC. Madrid. Págs. 313-406.

TALAVERA, S. (2010). «Triglochin L.». In S. TALAVERA, M. J. GALLEGO, C. ROMERO ZARCO & A. HERRERO (eds.). *Flora iberica. Vol. XVII. Butomaceae-Juncaceae*. CSIC. Madrid. Págs. 44-51.

TALAVERA, S. & M. TALAVERA (2017). «Leontodon L.». In S. TALAVERA, A. BUIRA, A. QUINTANAR, M.Á. GARCÍA, M. TALAVERA, P. FERNÁNDEZ PIEDRA & C. AEDO (eds.). *Flora iberica. Vol. XVI (II). Compositae (partim)*. CSIC. Madrid. Págs. 1131-1144.

TALAVERA, S., M. TALAVERA & C. SÁNCHEZ (2015). «43. Los géneros Thrincia Roth y Leontodon L. (Compositae, Cichorieae) en Flora Iberica». In Notulae taxinomicae, chorologicae, nomenclaturales, bibliographicae aut philologicae in opus «Flora Iberica» intendentes. *Acta Botanica Malacitana* 40: 344-364.

TAMURA, K., G. STECHER, D. PETERSON, A. FILIPSKI & S. KUMAR (2013). MEGA6: Molecular Evolutionary Genetics Analysis version 6.0. *Molecular Biology and Evolution* 30: 2725-2729.

TISON, J.-M. (2014). Rosaceae Juss. In J.-M. TISON, Ph. JAUZEIN & H. MICHAUD. *Flore de la France méditerranéenne continentale*. CBNM Porquerolles Naturalia publications. Turriers. Págs. 761-820.

TISON, J.-M. & B. DE FOUCAULT (coords., 2014). *Flora Gallica. Flore de France*. Société Botanique de France. Biotope. Mèze.

TOMLINSON, R. (1997). Blanket bogs. In F. H. A. AALEN, K. WHELAN & M. STOUT (eds.). *The Atlas of the Irish Rural Landscape*. Págs. 117-121.

TROÌA, A. & W. GREUTER (2014). A critical conspectus of Italian Isoetes (Isoetaceae). *Plant Biosystems* 148: 13-20.

TROÌA, A. & W. GREUTER (2015). Isoetaceae. In L. PERUZZI, L. CECCHI, G. CRISTOFOLINI, G. DOMINA, W. GREUTER, ENIO NARDI, F. M. RAIMONDO, F. SELVI, A. TROÌA (eds.). *Flora Critica d'Italia*. http://www.floraditalia.it

TROÌA, A. & C. ROUHAN (2018). Clarifying the nomenclature of some Euro-Mediterranean quillworts (Isoetes, Isoetaceae): Indicator species and species of conservation concern. *Taxon* 67: 996-1004.

TÜXEN, R. & E. OBERDORFER (1958). Eurosibirische Phanerogamen-Gesellschaften Spaniens. *Veröff. Geobot. Inst. Rübel Zürich* 32: 1-328.

ULASZEWSKI, B., S. JANKOWSKA-WRÓBLEWSKA, K. ŚWIŁO & J. BURCZYK (2021). Phylogeny of Maleae (Rosaceae) based on complete chloroplast genomes supports the distinction of Aria, Chamaemespilus and Torminalis as separate genera, different from Sorbus. *Plants (Basel)* 10: 2534. https://doi.org/10.3390/plants10112534

URIBE-ECHEVERRÍA, P. M. & J. A. ALEJANDRE (1982). *Aproximación al catálogo florístico de Álava*. Vitoria.

VALDÉS, B. (2000). «Onobrychis Mill.». In S. TALAVERA, C. AEDO, S. CASTROVIEJO, C. ROMERO ZARCO, L. SÁEZ, F. J. SALGUEIRO & M. VELAYOS (eds.). *Flora iberica. Vol. VII (II). Leguminosae (partim)*. CSIC. Madrid. Págs. 955-970.

VALDÉS, B. (2012). «Echium L.» In S. TALAVÉRA, C. ANDRÉS, M. ARISTA, M. P. FERNÁNDEZ PIEDRA, M. J. GALLEGO, P. L. ORTIZ, C. ROMERO ZARCO, F. J. SALGUEIRO, S. SILVESTRE & A. QUINTANAR (eds.). *Flora iberica. Vol. XI. Gentianaceae-Boraginaceae*. CSIC. Madrid. Págs. 413-446.

VAN DE BEEK, A. (2018). Rubus serpens Weihe ex Lej. & Courtois (Rosaceae L.), with related taxa and names. *Gorteria* 40(1): 55-72.

VAN DE BEEK, A., G. MATZKE-HAJEK & J. M. ROYER (2017). The types of the taxa of the genus Rubus (Rosaceae L.) described by Philipp Jakob Müller. *Gorteria* 39: 5-45.

VARGAS, I., A. CORROCHANO, C. POL, J. CARBALLEIRA, I. CORRALES, M. MANJÓN, G. FLOR, F. DÍAZ, J. FERNÁNDEZ & A. PÉREZ ESTÁUN (1985). Hoja 231 (12-11). La Bañeza. In L. R. RODRÍGUEZ FERNÁNDEZ & A. PÉREZ GONZÁLEZ (dir.). *Mapa Geológico de España E. 1:50.000*. Instituto Geológico y Minero de España.

VÁZQUEZ, V. M., P. VÁZQUEZ GARCÍA, E. CIRES RODRÍGUEZ & J. A. FERNÁNDEZ PRIETO (2017). 87- Una nueva localidad asturiana de Juncus balticus subsp. cantabricus. In J. A. FERNÁNDEZ PRIETO, V. M. VÁZQUEZ, Á. BUENO SÁNCHEZ, E. CIRES & H. S. NAVA FERNÁNDEZ (eds.). Notas corológicas, sistemáticas y nomenclaturales para el Catálogo de la Flora Vascular del Principado de Asturias. III. *Naturalia Cantabricae* 5 (1): 1-41.

VICIOSO, C. (1946). Notas a la flora española. *Anales Jard. Bot. Madrid* 6(2): 5-92.

VILLAR, L. (2010). «Horminum» L. In R. MORALES, A. QUINTANAR, F. CABEZAS, A. J. PUJADAS & S. CIRUJANO (eds.). *Flora iberica. Vol. XII. Verbenaceae-Labiatae-Callitrichaceae*. CSIC. Madrid. Págs. 453-455.

VILLAR ALONSO P., G. PORTERO URROZ, P. GONZÁLEZ CUADRA, J. GARCÍA CRESPO, A. B. NIETO GARCÍA, F. J. RUBIO PASCUAL, F. GÓMEZ FERNÁNDEZ & S. JIMÉNEZ BENAYAS (2019). Mapa Geológico Digital continuo E. 1: 50.000, Zona Centroibérica. Domino Ollo de Sapo (Zona-1300). in GEODE. Mapa Geológico Digital continuo de España [en línea]. [Consultado el 3-IV-2024]. Disponible en: http://info.igme.es/cartografiadigital/geologica/geodezona.aspx?Id=Z1300

VILLEGAS I ALBA, N. (2008). Les espècies del gènere Rubus a la Garrotxa. Estudi preliminar. *III Seminari sobre patrimoni natural de la comarca de la Garrotxa*: 11-17. Annals de la Delegació de la Garrotxa de la Institució Catalana d'Historia Natural. Olot.

WEIHE, K. E. & C. G. NEES VON ESENBEK (1822-1827). *Rubi germanici. Die Deutschen Brombeersträuche*. Elberfeldae.

WILLKOMM, H. M. (1893). *Supplementum Prodromi florae Hispanicae*. Stuttgart.

WILLKOMM, H. M. & J. LANGE (1861-1862). *Prodromus florae hispanicae* 1. Stuttgart.

WILLKOMM, H. M. & J. LANGE (1865-1870). *Prodromus florae hispanicae* 2. Stuttgart.

WILLKOMM, H. M & J. LANGE (1874-1880). *Prodromus florae hispanicae* 3. Stuttgart.

Índice de nombres científicos

Se presentan en negrita los nombres aceptados de táxones acerca de los cuales se hacen aportaciones expresas, ya sean corológicas, taxonómicas o nomenclaturales. En redonda no negrita, los nombres que consideramos correctos para táxones a los que tan solo se hace alusión de manera incidental, sobre todo porque acompañan o se confunden con el protagonista de la aportación. En cursiva, sinónimos; y, entrecomillados, *nomina nuda*.

Festuca glacialis, 139-140
Festuca hystrix, 140
Festuca rhaetica, 139
Filaginella uliginosa, 55
Fraxinus excelsior, 38-36
Fritillaria nervosa, 144
Fritillaria pyrenaica, 143-144
Fumana ericifolia, 45
Fumana procumbens, 45, 100

Gagea lacaitae, 144
Gagea pratensis, 144
Galium aparine subsp. aparine, 69, 113
Galium aparine subsp. **spurium**, 113-114
Galium odoratum, 69
Genista anglica, 81, 109
Genista florida, 37, 146, 147
Genista triacanthos, 94
Gentiana lutea, 128
Gentianopsis ciliata, 105
Geranium molle, 96
Geranium pratense, 96
Geranium pusillum, 96
Geranium pyrenaicum, 96
Geum pyrenaicum, 80
Geum sylvaticum, 80

Hedypnois rhagadioloides, 124
Heliosperma pusillum, 43
Helosciadium nodiflorum, 99
Helosciadium repens, 99
Hepatica triloba, 87
Heracleum sphondylium, 109
Homogyne alpina, 17
Horminum pyrenaicum, 105-107
Huperzia europaea, 23, 24
Huperzia selago, 18, 23-26, 44
Huperzia suberecta, 23, 24
Hymenophyllum tunbrigense, 33, 129

Ilex aquifolium, 34, 71, 86
Isoetes abyssinica, 29
Isoetes aequinoctialis, 29
Isoetes asturicensis, 26-30
Isoetes boryana, 28, 29, 30
Isoetes delilei, 28
Isoetes dixitii, 29
Isoetes durieui, 30-31
Isoetes fluitans, 28, 29, 30
Isoetes histrix, 26
Isoetes longissima, 28, 29, 30
Isoetes longissima subsp. *tenuissima*, 29
Isoetes olympica, 29
Isoetes setacea, 28, 29
Isoetes tenuissima, 28
Isoetes velata, 28

Juncus balticus subsp. **cantabricus**, 133-134
Juncus effusus, 133
Juncus effusus var. *compactus*, 133
Juncus effusus var. *laxus*, 133
Juniperus communis subsp. **alpina**, 37-38
Juniperus oxycedrus, 37

Laserpitium gallicum, 98
Lavandula pedunculata, 37, 104-105
Legousia castellana, 115
Legousia scabra, 114-115
Leontodon ×carreiroi, 124
Leontodon asperrimus, 124
Leontodon berinii, 124
Leontodon boryi, 124
Leontodon bourgaeanus, 121-128
Leontodon crispus, 123, 124
Leontodon farinosus, 124
Leontodon filii, 124
Leontodon graecus, 124
Leontodon hirtus, 124
Leontodon hispidus, 122-128

Leontodon incanus, 124
Leontodon rigens, 124
Leontodon rosanii, 124
Leontodon siculus, 124
Leontodon tenuiflorus, 124
Limodorum abortivum, 131
Limosella aquatica, 107-108
Linaria elegans, 142
Littorella uniflora, 97
Lycopodiella inundata, 18-21, 25, 67, 68
Lycopodium clavatum, 18, 22

Mibora minima, 143
Moehringia pentandra, 42
Molinia caerulea, 18

Narthecium ossifragum, 18
Nasturtium microphyllum, 56-57
Nasturtium officinale, 57
Neottia nidus-avis, 131
Nuphar pumila, 67

Onobrychis reuteri, 92-93
Ononis minutissima, 92
Ononis mitissima, 92
Ononis pusilla, 92
Ononis striata, 92
Ophioglossum azoricum, 32
Ophioglossum lusitanicum, 32
Orobanche foetida, 112
Orobanche reticulata, 113
Orobanche teucrii, 112, 116
Osmunda regalis, 87

Periballia involucrata, 141-142
Petrocoptis glaucifolia, 44
Petrosedum forsterianum, 70
Petrosedum pruinatum, 70
Petroselinum segetum, 100
Peucedanum carvifolia, 98
Peucedanum lancifolium, 98

Phegopteris connectilis, 33-36, 112, 116
Phillyrea latifolia, 86
Pinus radiata, 95
Plantago major, 55
Plantago uniflora, 97
Polygonum aviculare, 55
Populus tremula, 45
Potamogeton berchtoldii, 132-133
Potamogeton pusillus, 132
Potentilla brauneana, 80-81, 106
Potentilla fruticosa, 81
Primula elatior, 64
Primula farinosa, 106
Primula integrifolia, 138
Primula intricata, 138
Primula veris subsp. columnae, 64, 138
Prunus avium, 36
Prunus lusitanica, 14, 86-88
Prunus mahaleb, 85-86
Psilurus incurvus, 141
Pteridium aquilinum, 34

Quercus ilex, 37, 86, 94, 99, 115, 131, 146, 147
Quercus pyrenaica, 37, 74, 108, 109, 110, 128
Quercus robur, 34, 36, 85, 86
Quercus rotundifolia, 88, 100, 115
Quercus rubra, 33
Quercus suber, 105

Ranunculus alnetorum, 38
Ranunculus cantabricus, 38
Ranunculus flammula, 31
Ranunculus ophioglossifolius, 30-31
Ranunculus seguieri, 94
Ranunculus subgénero Batrachium, 27
Reseda glauca, 63-64
Rorippa amphibia, 49, 50

Thymus mastichina, 37
Thysselinum lancifolium, 98
Tilia platyphyllos, 36, 84
Torminalis glaberrima, 84-85, 86
Tozzia alpina, 111
Tragopogon castellanus, 120
Tragopogon crocifolius, 120
Tragopogon dubius, 120, 121
Tragopogon lamottei, 120, 121
Tragopogon pratensis, 120, 121
Trifolium badium, 94
Trifolium cernuum, 95
Trifolium lappaceum, 93-94
Trifolium micranthum, 94
Trifolium pallescens, 95
Trifolium pratense, 112
Trifolium resupinatum, 94
Trifolium resupinatum var. majus, 94

Trifolium squamosum, 94
Trifolium strictum, 94
Trifolium thalii, 95
Triglochin palustris, 132
Tulipa sylvestris subsp. **australis**, 144-145

Umbilicus heylandianus, 69

Valerianella fusiformis, 114
Verbascum simplex, 108
Veronica chamaedrys, 108, 110
Veronica micrantha, 70, 108-111
Vicia lathyroides, 89-90
Vicia pyrenaica, 89
Viola biflora, 81

Woodwardia radicans, 33, 84, 87

Contribuciones al conocimiento de la flora cantábrica, X se preparó para su publicación en el estudio de Pandiella y Ocio (Oviedo, España) y se compuso con las tipografías Minion Pro (Adobe) en la tripa y en la cubierta.